K. Ibrahim-Bathis
Syed Ashfaq Ahmed

Cartografia geoespacial dos mangais

AF303519

K. Ibrahim-Bathis
Syed Ashfaq Ahmed

Cartografia geoespacial dos mangais

Um estudo de caso da zona costeira de Kasaragod

ScienciaScripts

Imprint

Any brand names and product names mentioned in this book are subject to trademark, brand or patent protection and are trademarks or registered trademarks of their respective holders. The use of brand names, product names, common names, trade names, product descriptions etc. even without a particular marking in this work is in no way to be construed to mean that such names may be regarded as unrestricted in respect of trademark and brand protection legislation and could thus be used by anyone.

Cover image: www.ingimage.com

This book is a translation from the original published under ISBN 978-3-330-32834-1.

Publisher:
Sciencia Scripts
is a trademark of
Dodo Books Indian Ocean Ltd. and OmniScriptum S.R.L publishing group

120 High Road, East Finchley, London, N2 9ED, United Kingdom
Str. Armeneasca 28/1, office 1, Chisinau MD-2012, Republic of Moldova, Europe
Printed at: see last page
ISBN: 978-620-7-49117-9

Copyright © K. Ibrahim-Bathis, Syed Ashfaq Ahmed
Copyright © 2024 Dodo Books Indian Ocean Ltd. and OmniScriptum S.R.L publishing group

Resumo

Os mangais são uma das florestas sempre verdes, zonas húmidas produtivas e ricas em biodiversidade da região tropical e subtropical. Protege das inundações dos rios e das marés e actua como barreira contra tufões, ciclones, furacões e tsunamis. A floresta de mangais desempenha um papel significativo na melhoria da qualidade da água, do lençol freático, do ecossistema e da biodiversidade dos ambientes costeiros. Obstrui o solo fértil e a areia da erosão, prendendo os sedimentos nas suas raízes. Para além disso, os mangais são utilizados como madeira para combustível, mobiliário e construção, fonte de carvão vegetal, tanino, papel, corantes e produtos químicos, colmo, mel e incenso. O clima, o solo e a amplitude das marés regem a formação e a distribuição dos manguezais. Com a urbanização e o aumento da pressão da população, estes habitats naturais únicos são destruídos e reocupados pelas construções e estruturas feitas pelo homem. Os mangais esparsos e marginais foram distribuídos ao longo da costa e dos remansos do distrito de Kasaragod. A extração de areia e os resíduos municipais são a principal causa do declínio da densidade dos mangais e da sua associação na região. A flora era representada por sete espécies e dominada por *Avicennia officinalis, Rhizophora apiculata* e *Kandelia*. As tecnologias geoespaciais são utilizadas para mapear as principais espécies de mangue da região e avaliar a área. A sustentabilidade destes arbustos costeiros só é possível através da medição regular da área de quantificação.

Índice

CAPÍTULO 1

INTRODUÇÃO

1.1 Introdução

Os mangais são uma das zonas húmidas mais produtivas e bio-diversas do planeta. No entanto, estas florestas tropicais costeiras únicas estão entre os habitats mais ameaçados do mundo. Podem estar a desaparecer mais rapidamente do que as florestas tropicais interiores e, até agora, sem que o público tenha dado por isso. Os mangais crescem nas zonas entre-marés e nas embocaduras dos estuários entre a terra e o mar, constituindo um habitat essencial para uma flora e fauna marinhas e terrestres diversificadas. A existência de florestas de mangais saudáveis é fundamental para uma ecologia marinha saudável.

Os mangais são florestas marinhas de marés e são mais luxuriantes em torno da foz de grandes rios e em baías abrigadas e encontram-se principalmente em países tropicais onde a precipitação anual é bastante elevada. As plantas dos mangais incluem árvores, arbustos, fetos e palmeiras. Estas plantas encontram-se nas regiões tropicais e subtropicais, nas margens dos rios e ao longo das costas, estando invulgarmente adaptadas às condições anaeróbias dos ambientes de água doce e salgada. Estas plantas adaptaram-se a condições lamacentas, instáveis e salinas. Produzem raízes em forma de estacas, que se projectam acima da lama e da água para absorver oxigénio. As plantas dos mangais formam comunidades que ajudam a estabilizar as margens e as linhas costeiras e que se tornam o habitat de muitos tipos de animais.

Os mangais encontram-se em ambientes costeiros de deposição, onde sedimentos finos (frequentemente com elevado conteúdo orgânico) se acumulam em áreas protegidas da ação das ondas de elevada energia. Os mangais dominam três quartos das costas tropicais. Os mangais são vários tipos de árvores até uma altura média e arbustos que crescem em habitats de sedimentos costeiros salinos nos trópicos e subtrópicos - principalmente entre as latitudes 25° N e 25° S. As condições salinas toleradas por várias espécies vão desde a água salobra, passando pela água do mar pura, até à água concentrada por evaporação até mais do dobro da salinidade da água do mar oceânica. Existem muitas espécies de árvores e arbustos adaptados às condições salinas. Nem todas estão intimamente relacionadas e o termo "mangal" pode ser utilizado para todas elas ou, mais especificamente, apenas para a família de plantas de mangal, Rhizophoraceae, ou ainda, mais especificamente, apenas para as árvores de mangal do género Rhizophora. A ocorrência de espécies de mangue num determinado local está relacionada com gradientes ecológicos circundantes, como a elevação, a inundação pelas marés, a salinidade da água e o pH do solo (Macnae, 1968; Clough, 1982; Semeniuk, 1983; Tomlinson, 1994; Hogarth, 1999). Por outras palavras, é provável que as espécies de mangais cresçam dentro dos seus próprios nichos. Em muitos casos, este fenómeno provoca padrões semelhantes a faixas paralelas às linhas de maré que se encontram normalmente nas florestas de mangais tropicais (Tomlinson, 1994; Hogarth, 1999; Vilarrubia, 2000; Satyanarayana et al., 2002). Assim, é de esperar que estas relações espaciais quantificáveis entre os mangais e o ambiente possam ser exploradas para a cartografia dos mangais a um nível mais preciso.

1.2   A origem das espécies

Os cientistas defendem a teoria de que as primeiras espécies de mangais tiveram origem na região indo-malaia. Isto pode explicar o facto de existirem muito mais espécies de mangais nesta região do que em qualquer outra. Devido aos seus propágulos e sementes flutuantes únicos, algumas destas primeiras espécies de mangais espalharam-se para oeste, levadas pelas correntes oceânicas, até à Índia e à África Oriental, e para leste até às Américas, chegando à América Central e à América do Sul durante o período Cretáceo superior e a época Miocénica inferior, entre 66 e 23 milhões de anos atrás. Durante esse período, os mangais espalharam-se pelo Mar das Caraíbas através de uma via marítima aberta que existia onde hoje se situa o Panamá. Mais tarde, as correntes marítimas podem ter transportado sementes de mangue para a costa ocidental de África e até ao sul da Nova Zelândia. Isto pode explicar por que razão os mangais da África Ocidental e das Américas contêm menos espécies colonizadoras, mas semelhantes, enquanto os da Ásia, Índia e África Oriental contêm uma gama muito mais completa de espécies de mangais. Existem cerca de 39,3 milhões de hectares de florestas de mangais nas costas quentes dos oceanos tropicais em todo o mundo. Mais de 10,5 milhões de acres ou 27% das florestas de mangais encontram-se no Sudeste Asiático.

1.3   Ecologia

Os mangais encontram-se em zonas de marés tropicais e subtropicais, que têm um elevado grau de salinidade. As áreas onde os mangais ocorrem incluem estuários e linhas costeiras marinhas. As plantas dos mangais são diversas, mas todas são capazes de explorar o seu habitat (a zona intertidal), desenvolvendo adaptações fisiológicas para superar os problemas de anoxia, alta salinidade e inundação frequente das marés. Cerca de 110 espécies pertencem ao mangal. Cada espécie tem as suas próprias soluções para estes problemas; esta pode ser a principal razão pela qual, em algumas linhas costeiras, as espécies de árvores de mangal apresentam uma zonação distinta. Pequenas variações ambientais dentro de um mangal podem levar a métodos muito diferentes para lidar com o ambiente. Por conseguinte, a mistura de espécies é parcialmente determinada pelas tolerâncias de cada espécie às condições físicas, como a inundação pelas marés e a salinidade, mas também pode ser influenciada por outros factores, como a predação de plântulas de plantas por caranguejos.

Um fator primário do ambiente natural que afecta os mangais a longo prazo é o nível do mar e as suas flutuações. Outros factores a curto prazo são a temperatura do ar, a salinidade, as correntes oceânicas, as tempestades, a inclinação da costa e o substrato do solo. A maioria dos mangais vive em solos lamacentos, mas também crescem em areia, turfa e rocha coralina. Se as condições das marés forem óptimas, os mangais podem florescer muito para o interior, ao longo das zonas superiores dos estuários costeiros.

Outra adaptação especial é a dispersão dos "propágulos" de certos mangais, que se penduram nos ramos das árvores adultas. Estes caem e acabam por se enraizar no solo que rodeia a árvore-mãe ou são transportados para zonas costeiras distantes. Consoante a espécie, estes propágulos podem flutuar durante longos períodos, até um ano, e manter-se viáveis. A viviparidade e os propágulos de longa duração permitem que estas espécies de mangais se dispersem por vastas áreas.

1.3.1 Os principais factores que regem o ecossistema dos mangais

Os mangais são um ecossistema frágil, complexo e dinâmico, e dependem dos seguintes factores inter-relacionados, tanto ambientais como bióticos e abióticos:

1.3.1.1 Fator climático

O clima de qualquer região intertidal actua como o fator mais significativo e importante para o crescimento natural, o desenvolvimento e a sucessão dos mangais. Entre estes factores climáticos, a precipitação, o fluxo regular do vento, a radiação livre de geada e a sedimentação desempenham um papel muito dominante na viabilidade dos mangais de uma forma holística.

1.3.1.2 Temperatura:

Entre estes factores climáticos de base, a temperatura do ar da região pode ser determinada pela distribuição geográfica das diferentes espécies de mangais. A flutuação da temperatura atmosférica varia entre 20 c e 35.

1.3.1.3 Precipitação

As condições de precipitação são mais decisivas para a sequência da distribuição dos mangais nas diferentes zonas das regiões de maré. A água da chuva lixivia mais eficazmente o solo salino ou as partículas de sal que se encontram nos estratos do solo. Durante as sucessivas marés, a água salgada inunda a superfície terrestre e a subsequente exposição do substrato do solo evapora a água desta solução salina. O resultado é uma crosta salina espessa na superfície do solo, que impede a regeneração e o crescimento dos mangais. As chuvas frequentes lavam o sal da superfície e também lixiviam as partículas de sal, tornando o solo adequado para o crescimento do mangal.

Os mangais desenvolvem-se melhor nas regiões onde a precipitação é abundante, distribuída uniformemente ao longo do ano e onde o clima é muito regular. O subcontinente indiano é uma zona tropical típica. O clima costeiro é geralmente uniforme, com exceção da costa de Gujarat, que sofre de condições de seca. A costa indiana é influenciada por dois ciclos de monção, nomeadamente o sudoeste e o nordeste. A precipitação da monção varia entre 3 600 mm ao longo da costa de Kerala e diminui em direção à costa de Gujarat, no norte, para um mínimo de 400-600 mm. A região de Kutch recebe chuvas muito escassas. Ao longo da costa oriental, a precipitação é mais intensa de setembro a dezembro. Ao longo da costa oriental, a variação da precipitação é diferente da registada na costa ocidental. O Golfo de Manner recebe menos de 90 mm de precipitação, que aumentam gradualmente em direção ao norte de Porto Nova até 1 500 mm e nas florestas de Sundarbans até 1 908 mm. As ilhas Andaman e Nicobar registam precipitações muito fortes, até 3 200 mm por ano (www.niobioinformatics.in/mangroves).

1.3.1.4 Vento

O fluxo de vento pode ter o poder de secagem do ar e seu efeito mecânico pode causar danos às plantas do mangue e seu ecossistema. Os mangais de Sundarbans são afectados por vários ciclones, provenientes da Baía de Bengala. A destruição das plantas dos mangais e do ecossistema foi registada durante os últimos dois séculos. Vários ciclones afectaram as florestas de mangais. A zona costeira de Sundarbans tem a forma de um funil e, todos os anos, 4 a 5 tempestades ciclónicas são comuns nos mangais de Sundarbans

(www.niobioinformatics.in/mangroves).

1.3.1.5 Solo

A estrutura do solo e a salinidade do solo são os principais agentes que controlam a distribuição dos mangais. Ao longo da costa indiana e dos principais grupos de ilhas, existem grandes variações no solo das florestas de mangais. As ilhas Andaman-Nicobar são de natureza vulcânica e a sua geologia é complexa. Estas ilhas caracterizam-se pela diversidade de rochas sedimentares compostas principalmente por arenitos. Localmente, encontram-se conglomerados ou rochas calcárias. Nas Sundarbans gangéticas, o solo aluvial é depositado pelo caudal do rio. O solo do delta do Cauvery é classificado como solo hidromórfico salino, com pouco húmus, enquanto o solo do mangal de Pichavaram é constituído por silte fino e grosseiro, com 20 a 30% de argila, 10 a 20% de silte, 45% de areia fina e 15% de areia grosseira. O solo dos remansos de Cochin, em Kerala, representa rochas lateríticas típicas. A superfície do solo está totalmente coberta de material vegetal em decomposição, seguido de um solo cinzento-escuro com areia de cama. Este solo é muito ácido.

Na Índia, as diferentes espécies de mangais revelam tolerância a uma determinada gama de salinidade das águas de superfície e das águas intersticiais. O solo da costa de Goa apresenta predominantemente uma mistura de rocha laterítica e argila, ao passo que a região de Bombaim é caracterizada por armadilhas basálticas (www.niobioinformatics.in/mangroves). A costa de Gujarat tem silte fino e argila misturados com arenito macio que se encontra ao longo desta costa. Na região de Saurashtra e Kutchchh, onde a salinidade do solo é muito elevada, as espécies de mangais têm um hábito anão (www.niobioinformatics.in/mangroves).

1.3.1.6 Amplitude da maré

As flutuações das marés têm um papel importante nos habitats dos mangais, uma vez que a maioria dos mangais cresce bem entre a maré alta média de primavera (MHWST) e o nível médio do mar (MSL). Ao longo da costa ocidental, a amplitude da maré muda de sul para norte. Na ponta mais a sul da Índia (Kerala), a amplitude da maré é mínima. No entanto, em Goa, esta diferença é de cerca de 1,5 a 2 metros. No Golfo de Khambhat, a maior amplitude de maré é de cerca de 8-9 m, enquanto no Golfo de Kuchchh é de cerca de 5 metros. Trata-se de marés altas regulares, também conhecidas como "maré de sizígia". Ao longo da costa ocidental, observam-se diferenças entre a amplitude das marés no rio Hoogly, sobretudo durante condições ciclónicas. As marés são igualmente afectadas pela descarga de água doce, em especial pelas inundações durante as estações das monções (www.niobioinformatics.in/mangroves).

1.3.1.7 Flora

Os mangais indianos compreendem aproximadamente 59 espécies em 41 géneros e 29 famílias. Destas, 34 espécies pertencentes a 25 géneros e 21 famílias estão presentes ao longo da costa ocidental. Há cerca de 25 espécies de mangais que têm uma distribuição restrita ao longo da costa leste e não se encontram na costa oeste. Do mesmo modo, há oito espécies de mangais, como *Sonneratia caseolaris, Suaeda fruticosa, Urochondra setulosa*, etc., que só foram registadas na costa ocidental. Existem aproximadamente 16 espécies de mangais registadas na costa de Gujarat, enquanto Maharashtra tem cerca de 20 espécies, Goa 14 espécies e Karnataka 10. Existem apenas três a quatro espécies de mangais que raramente se encontram ao longo da costa de Kerala. A flora de mangais associada é bastante comum a ambas as costas, com pequenas variações na distribuição (www.niobioinformatics.in/mangroves).

1.3.1.8 Fauna

Existem diferentes tipos de comunidades faunísticas nas águas dos mangais que dependem da componente da água de uma forma ou de outra. As comunidades animais planctónicas e bentónicas também desempenham um papel muito importante no ecossistema dos mangais, tal como os animais terrestres. Existem diferentes espécies de crustáceos como *Penaeus indicus, P. merguiensis e P. monodon*, enquanto os caranguejos são representados por *Uca sp. Scylla serrata, Thalassina*, etc. Os peixes são representados por várias espécies como os saltadores de lama, carangídeos, clupeídeos, serranídeos, tainhas, hilsa, robalo, peixe-leite, etc. A vida selvagem das florestas de mangais indianas é bastante diversificada e interessante. Para além do famoso tigre real de Bengala e do crocodilo estuarino (*Crocodilus porosus*), existem diferentes tipos de macacos, lontras, veados, gatos pescadores, cobras e porcos selvagens. Os mangais da Índia são preferidos por uma variedade de aves, tanto migratórias como residentes (www.niobioinformatics.in/mangroves).

1.3.1.8.1 Microorganismos

Os organismos microbianos, como as leveduras, as bactérias e os fungos, desempenham um papel muito importante e dominante na decomposição da folhagem do mangal, na regeneração dos nutrientes e na mineralização

1.3.2 Biologia

Das 110 espécies de mangais reconhecidas, apenas cerca de 54 espécies em 20 géneros de 16 famílias constituem os "verdadeiros mangais", espécies que ocorrem quase exclusivamente em habitats de mangais. Demonstrando uma evolução convergente, muitas destas espécies encontraram soluções semelhantes para as condições tropicais de salinidade variável, amplitude de maré (inundação), solos anaeróbicos e luz solar intensa. A biodiversidade vegetal é geralmente baixa num determinado mangal. Isso é especialmente verdadeiro em latitudes mais altas e nas Américas. A maior biodiversidade ocorre nos mangais da Nova Guiné, Indonésia e Malásia

1.3.2. 1Taxonomia

A listagem seguinte (modificada de Tomlinson, 1986) indica o número de espécies de mangais em cada género e família de plantas listados.

Tabela 1.1 Mostra as espécies de mangais

Major Components			Minor components	
Family	Genus, number of species	Common name	Family	Genus, number of species
Acanthaceae, Avicenniaceae or Verbenaceae (family allocation disputed)	Avicennia, 9	Black mangrove	Acanthaceae	Acanthus, 1; Bravaisia, 2
			Bombacaceae	Camptostemon, 2
			Cyperaceae	Fimbristylis, 1
			Euphorbiaceae	Excoecaria, 2
			Lecythidaceae	Barringtonia, 6
Combretaceae	Conocarpus, 1; Laguncularia, 11; Lumnitzera, 2	Buttonwood, white mangrove	Lythraceae	Pemphis, 1
			Meliaceae	Xylocarpus, 2
			Myrsinaceae	Aegiceras, 2
Arecaceae	Nypa, 1	Mangrove palm	Myrtaceae	Osbornia, 1
			Pellicieraceae	Pelliciera, 1
Rhizophoraceae	Bruguiera, 6; Ceriops, 2; Kandelia, 1; Rhizophora, 8	Red mangrove	Plumbaginaceae	Aegialitis, 2
			Pteridaceae	Acrostichum, 3
Lythraceae	Sonneratia, 5	Mangrove apple	Rubiaceae	Scyphiphora, 1
			Sterculiaceae	Heritiera, 3

1.4 Zona de mangais

As espécies de árvores mais comuns são Rhizophora, Avicennia, Bruguiera, Sonneratia, Xylocarpus e Nypa. Encontram-se também outros tipos de florestas, como as florestas de praia e os pântanos de água doce. A espécie dominante nas florestas de praia é a Casuarina equisetifolia. Uma floresta de mangue madura e extensa tem frequentemente "zonas", onde os tipos de plantas encontradas mudam à medida que se afasta do mar. Cada zona é dominada por certas espécies-chave de árvores de mangue. Isto tem a ver com a exposição e o nível de inundação, uma vez que a água da maré sobe e desce diariamente.

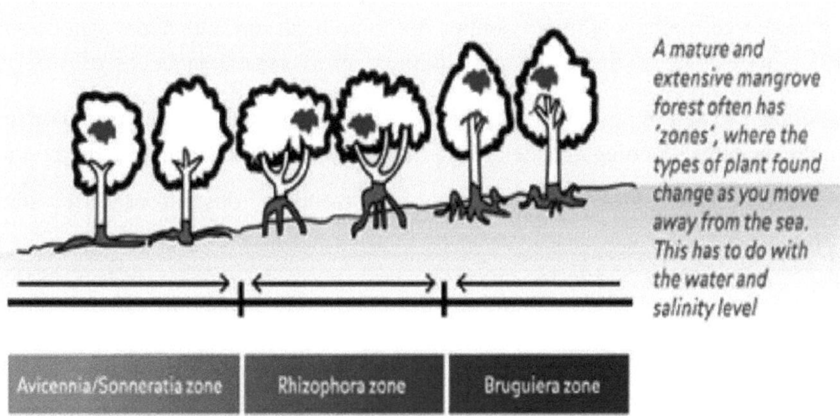

Fig 1.1 Mostra as zonas de mangais

- **Zona Avicennia-Sonneratia**

Na orla marítima, estas espécies de mangais toleram os solos moles soltos pelas inundações diárias das marés e enterram sistemas radiculares maciços logo abaixo da lama. Estas estruturas submersas têm numerosas bolsas de ar para respirar e também enviam raízes para baixo para ancoragem e para cima para absorção. Para facilitar a regeneração, os lóbulos salientes envolvem os frutos da Sonneratia, permitindo-lhes assim flutuar sobre as correntes de água.

- **Zona Bruguiera-Rhizophora**

Situada num terreno ligeiramente mais elevado, a zona Bruguiera-Rhizophora só sofre inundações na maré alta, em solos mais compactados. Estas árvores de mangue são as mais valiosas para a produção de madeira. Esta zona é reconhecida pela sua uniformidade em altura e pela sua rede de raízes aéreas, de aspeto estranho. As plântulas alongadas de Rhizophora pendem como charutos esguios, cada uma pronta a cair no solo salgado para começar uma nova vida.

Zona do mangue negro

O teor de argila aumenta nos solos compactos da zona posterior do mangal. Os caranguejos e lagostas que constroem montículos elevam o nível do solo mais um metro ou mais, onde um espesso sub-bosque emerge de grupos de grandes fetos. Para além do alcance das marés, as florestas de nipa florescem em águas salobras, onde a palmeira nipa dominante, com as suas grandes frondes emplumadas, cresce em matagais contíguos nas margens dos rios.

1.4.1 Tipos de mangais

1.4.1.1 Mangue vermelho *(Rhizophora Mangle)*

1. o mangue-vermelho - também conhecido como a "árvore que anda" - pode ser identificado pelas raízes do tronco que têm uma cor avermelhada na casca.

2) As folhas são de um   verde intenso e brilhante, mais claras na parte inferior. As folhas medem 1-5 polegadas de comprimento e são largas e sem corte na ponta.

3. as suas raízes de apoio - arqueadas a partir do tronco e   dos ramos, produzem raízes adicionais e dão à árvore a aparência de estar a caminhar para a água.

Fig 1.2 Mostra o mangue vermelho

A sobrevivência desta árvore em águas salobras é um resultado direto da capacidade da árvore de se adaptar ao seu ambiente, utilizando as suas raízes para remover 99/100 do sal da água que bebe. As amostras de tecido do mangue vermelho, quando analisadas, revelaram que o teor de sal da água nessas amostras tinha aproximadamente 1/100 do sal encontrado na água em que as árvores estavam a crescer. O mangue-vermelho produz brotos que se transformam em mudas em forma de torpedo, conhecidas como propágulos. Estas plântulas acabam por cair na água e enraízam-se no solo ou flutuam e andam à deriva com as marés até encontrarem um solo adequado. Os propágulos do mangue vermelho podem andar à deriva durante um ano antes de se enraizarem e produzirem uma árvore.

1.4.1.2 Mangue-preto *(Avicennia Germinans)*

Os mangais negros, maiores e mais altos do que os mangais vermelhos e brancos devido à sua idade, encontram-se a montante dos mangais vermelhos em altitudes mais elevadas. Estes mangais antigos são os mais tolerantes ao frio das três espécies encontradas na Flórida. Eles podem ser facilmente identificados por:

1. Olhando para o chão. Estas árvores estão rodeadas por pneumatóforos (pronuncia-se "new-mat-afores") - estruturas semelhantes a paus (crescimentos) - que apontam para o céu a partir do solo que rodeia o tronco da árvore. Os pneumatóforos provêm das raízes dos mangais negros e ajudam a árvore a respirar. Esta espécie de mangue cresce geralmente em áreas onde o solo está saturado de água - sem os pneumatóforos, que funcionam como um snorkel de mergulhador, a árvore não teria o oxigénio de que necessita para sobreviver.

2. A barba da Mangueira Negra é escura.

3. As folhas são verdes escuras e brilhantes na parte superior, oblongas e pontiagudas na ponta. A parte inferior das folhas é verde-escura, com pêlos curtos e densos - glândulas - que excretam sal - as folhas servem como sistema de reserva para livrar o mangue-preto do sal que não foi excretado pelas raízes. Quando os primeiros colonos chegaram à Flórida, colhiam sal das folhas do mangue-preto.

4. As plântulas produzidas por estas árvores são de cor verde clara e têm a forma de grandes moedas.

Fig 1.3 Mostra o mangue-preto

1.4.1.3 Mangue branco *(Laguncularia Racemosa)*

Os mangais brancos, normalmente encontrados em altitudes mais elevadas (mais para cima do que os mangais vermelhos ou pretos), podem ser facilmente identificados por:

1. As suas folhas, de cor verde-clara, têm cerca de 5 cm de comprimento, são arredondadas nas duas extremidades e têm frequentemente um entalhe na ponta.

2. Na base das suas folhas, onde as folhas se encontram com os caules, encontram-se duas protuberâncias. Estas protuberâncias são glândulas que excretam o sal que se encontra na água. As plântulas do mangue-branco têm a forma de uma vagem, do tamanho de um níquel e de cor esbranquiçada.

A figura 1.4 mostra as folhas do mangue branco

1.5 Benefícios dos mangais

Os mangais evitam a erosão costeira e actuam como uma barreira contra tufões, ciclones, furacões e tsunamis, ajudando a minimizar os danos causados à propriedade e à vida. As espécies de árvores de mangue que habitam zonas de maré mais baixas podem bloquear ou amortecer a ação das ondas com os seus caules, que podem medir 30 m de altura e vários metros de circunferência. As árvores protegem a terra do vento e retêm sedimentos nas suas raízes, mantendo um declive pouco profundo no fundo do mar que absorve a energia das marés. As florestas de mangais armazenam e processam enormes quantidades de matéria orgânica, nutrientes dissolvidos, pesticidas e outros poluentes que são despejados nelas pelas actividades humanas e, ao absorverem o excesso de nitratos e fosfatos, evitam a contaminação das águas costeiras. Ao absorverem o excesso de nitratos e fosfatos, evitam a contaminação das águas costeiras, desempenhando assim um papel fundamental na proteção dos recifes de coral e das ervas marinhas contra o assoreamento e a eutrofização. Os mangais também funcionam como um sumidouro de dióxido de carbono atmosférico, um dos principais contribuintes para o aquecimento global.

Embora não sejam particularmente ricos em espécies, os ecossistemas de mangais são importantes áreas de viveiro e habitats para espécies de camarão, moluscos e peixes de valor comercial. A nível mundial, cerca de dois terços de todos os peixes capturados dependem da saúde das zonas húmidas, como os mangais, as ervas marinhas e os recifes de coral, em várias fases do seu ciclo de vida. Os investigadores concluíram que, a manter-se o atual ritmo de desflorestação dos mangais, é provável que se verifiquem graves impactos nos ecossistemas e na produtividade da pesca. As pessoas retiram muitos benefícios das florestas de mangue: madeira para combustível, mobiliário e construção, uma fonte de carvão, tanino, papel, corantes e produtos químicos, colmo, mel e incenso. A folhagem das espécies de mangue é utilizada para alimentar o gado e várias plantas de mangue são utilizadas na medicina tradicional.

As densas florestas de mangais que crescem ao longo das costas dos países tropicais e subtropicais podem ajudar a reduzir o impacto devastador dos tsunamis e das tempestades costeiras, absorvendo parte da energia das ondas, afirmam os cientistas. Quando o tsunami atingiu o estado de Tamil Nadu, no sul da Índia, a 26 de dezembro, por exemplo, as zonas de Pichavaram e Muthupet com mangais densos sofreram menos vítimas humanas e menos danos materiais do que as zonas sem mangais.

1.6 O papel da deteção remota no estudo dos mangais

Para estudar eficazmente as áreas de mangal e monitorizar as alterações ao longo do tempo, são necessárias técnicas de cartografia precisas, rápidas e económicas. A utilização de dados obtidos por deteção remota oferece muitas vantagens a este respeito e tem sido utilizada para monitorizar a desflorestação e a atividade aquícola, em análises de sensibilidade ambiental e para fins de inventário e cartografia de recursos (Green *et al.* 1996). No entanto, a precisão do mapa final é afetada pela capacidade do procedimento de classificação para discriminar entre vários tipos de vegetação. A capacidade de o fazer é, em parte, função da resolução dos sensores e, em parte, função do método de processamento de imagem ou do procedimento de classificação adotado. Por exemplo, na cartografia de habitats recifais, foi demonstrado que a precisão global dos mapas de habitats e a precisão das classes individuais pelo utilizador dependem do procedimento de classificação específico adotado (Green *et al.*, no prelo a). Os utilizadores de teledeteção têm à sua disposição não só uma grande variedade de sistemas de satélite e aéreos, mas também muitas técnicas diferentes de tratamento de imagens. A escolha de um sistema e de uma técnica adequados dependerá dos objectivos do estudo e da dimensão do orçamento, mas existem poucas ou nenhumas orientações para facilitar este processo de seleção.

A exatidão é o critério pelo qual o sucesso de um método de processamento de imagens deve ser avaliado: por muito inovador ou sofisticado que seja o procedimento de classificação, o valor de qualquer mapa fica seriamente comprometido se a sua precisão for insuficiente para cumprir os objectivos do projeto. Igualmente importante do ponto de vista da gestão, as iniciativas baseadas num mapa de precisão desconhecida podem conduzir a acções desnecessárias ou inadequadas. Existe uma infinidade de métodos de processamento de imagens para classificar dados de mangais obtidos por deteção remota, mas é extremamente difícil pesar os méritos relativos de cada um deles porque, infelizmente, os relatórios publicados raramente incluem uma avaliação da exatidão.

A deteção remota por satélite tem-se revelado uma ferramenta de aplicação muito valiosa na gestão das florestas, incluindo os mangais, não só na monitorização, mas também na realização de observações relevantes, que podem revelar o impacto da desflorestação no clima global. A deteção de alterações por deteção remota é um processo de determinação e avaliação das diferenças numa variedade de fenómenos de superfície ao longo do tempo. Para a deteção de alterações na cobertura do solo, os dados multitemporais do Landsat TM foram considerados mais adequados para a identificação de áreas de desflorestação, mapeando os dados de teledeteção derivados de diferentes satélites, como os dados Landsat MSS, que podem fornecer informações sobre a extensão da área, as condições e os limites das zonas húmidas costeiras. Além disso, os dados de satélite com várias datas podem ser utilizados eficazmente para descobrir as alterações na extensão aérea dos mangais. Os utilizadores de teledeteção têm à sua disposição não só uma grande variedade de sistemas de satélite e aéreos, mas também muitas técnicas diferentes de processamento de imagens. A escolha de um sistema e de uma técnica adequados dependerá dos objectivos do estudo e da dimensão do orçamento.

1.7 Finalidades e objectivos

Os mangais são florestas tropicais/subtropicais de folha perene, associadas às margens dos rios, estuários salobros, deltas de rios, etc. São as florestas tropicais mais ameaçadas e beneficiam a natureza e o ser humano. As imagens de deteção remota fornecem uma visão sinóptica dos mangais e é fácil cartografar, localizar a extensão e a distribuição das árvores dos mangais. Juntamente com as imagens de satélite, as imagens do Google Earth são uma ferramenta muito boa para muitos campos de aplicação, especialmente no mapeamento de manguezais. Devido à inacessibilidade ao ecossistema dos mangais, a aplicação das técnicas de teledeteção é muito importante nos vários aspectos da comunidade dos mangais, como o mapeamento da diversidade dos mangais, a deteção de alterações, a extensão aérea, a seleção de locais para a aquicultura, o estudo do ecossistema dos mangais, as actividades de gestão dos mangais, etc., principalmente porque as imagens de teledeteção fornecem informações valiosas sobre os mangais sem o levantamento físico. O presente projeto de trabalho realizou principalmente a cartografia regional dos mangais da costa do distrito de Kasaragod através da aplicação de técnicas de teledeteção utilizando imagens Landsat 30M e imagens Google Earth disponíveis ao público. A interpretação visual das imagens do Google Earth e a classificação supervisionada das imagens de satélite fornecem informações precisas e atempadas sobre a extensão dos mangais ao longo da costa do distrito. O principal objetivo do presente trabalho é mapear a extensão aérea e a avaliação dos mangais. As actividades antropogénicas, como a extração de areia na costa fluvial e marítima, a conversão de áreas de mangais em agricultura e indústria, etc., são a principal causa da degradação da diversidade natural dos mangais nas localidades costeiras. As indústrias de grande escala não existem nos distritos, pelo que há menos stress para a degradação dos mangais. A extração artificial de areia na costa fluvial, nas praias e nos estuários está na origem do rápido declínio dos mangais naturais e dos ecossistemas das zonas húmidas. O estudo mostrará o estado atual dos mangais e as causas da sua degradação ou aggradação.

CAPÍTULO 2

REVISÃO DA LITERATURA

Os trabalhos de teledeteção e SIG são realizados sobre os mangais em diferentes aspectos a nível internacional. A deteção de alterações nos mangais, a conservação e gestão dos mangais, a localização de locais para a plantação de mangais, a cartografia aérea e espacial dos mangais através de técnicas de teledeteção e SIG, etc., são os principais tópicos internacionais sobre os mangais.

Ramachandran, (1987) explicou que Kerala, com uma linha costeira de cerca de 560 km e 41 rios que desaguam no mar de Lakshadweep, foi outrora muito rica em formações de mangais, talvez apenas a seguir a Sundarbans na parte oriental do continente do país, estendendo-se por mais de 700 km^2 ' Um estudo recente de Radhakrishnan *et al.* (2006) mostrou que a vegetação de mangue em quatro distritos do norte de Kerala - Kasaragod, Kannur, Kozhikode e Malappuram - é de aproximadamente 3.500 ha, o que representa cerca de 83% da cobertura de mangue no Estado.

Basha (1991) mencionou que, devido a interferências humanas de vários tipos, incluindo poluição, destruição e conversões, a área de mangais no Estado diminuiu drasticamente para cerca de 1 671 ha em 1991. O esgotamento drástico das áreas de mangue deve-se principalmente ao facto de quase 90% da área se encontrar em explorações privadas, sujeitas a alterações indiscriminadas e drásticas. Além disso, é referido que a atual geomorfologia peculiar da zona estuarina de Kerala, devido à extração intensiva de areia dos rios, coloca problemas à regeneração natural dos mangais.

Kurien, et *al.,* 1994 Estudos realizados com recurso a imagens de teledeteção mostraram que a vegetação de mangais cobria apenas 1 095 ha em Kerala. Os estudos de Kurien, *et al* (1994) e do Forest Survey of India (FSI, 2003) mostraram ainda que a vegetação de mangais em Kerala está atualmente confinada, em grande parte, à foz dos rios e aos riachos de maré e que não existe uma cobertura significativa de mangais a sul de Cochim na costa de Kerala. Este facto deve-se provavelmente à destruição mais acelerada do ecossistema na parte sul do que na parte norte do Estado.

Mohanan (1997) combinou dados de teledeteção e observações no terreno e indicou que a extensão do ecossistema de mangais em Kerala é de cerca de 4 200 ha. Relatórios do FSI (2003) baseados na análise de dados de teledeteção revelaram a presença de uma área de 800 ha de mangais no Estado, com 300 ha moderadamente densos e 500 ha de vegetação de mangais abertos.

Jagtap (2007) estudou os mangais irregulares de Kasaragod e explicou **que** os habitats de mangais em Kerala, na Índia, são considerados os mais degradados. No entanto, algumas das localidades de Kasaragod taluk (12° 30'- 12° 39' N e 72° 56'-74° 59' E) albergam formações relativamente melhores de mangais irregulares e marginais na região, o que pode ser atribuído à natureza microtidal (< 1 m) e à topografia relativamente íngreme da costa. A flora do mangal era constituída por sete espécies e dominada por *Avicennia officinalis*. Aproximadamente 0,45 km^2 de cobertura de mangue foi estimado a partir de Kayals e regiões de água salobra.

Wang et al., (2003) relataram as técnicas de deteção remota na deteção de alterações nos mangais ao longo da costa.

Green et al., (1998) sugeriram diferentes abordagens para a classificação de dados de deteção remota de manguezais, e cinco metodologias diferentes foram identificadas. Os dados Landsat TM, SPOT XS e CASI dos mangais foram classificados utilizando cada método. A exatidão da classificação dos dados CASI foi superior à dos dados Landsat TM para todos os métodos, e foi possível discriminar mais classes de mangais. A fusão dos dados Landsat TM e SPOT XP melhorou a interpretação visual das imagens, mas não melhorou a discriminação das diferentes categorias de mangais. Foi identificada a combinação mais precisa de sensor e método de processamento de imagem para mapear os mangais das ilhas do leste das Caraíbas.

Long e Giri (2011) publicaram um relatório sobre a cartografia aérea do mangal costeiro utilizando as imagens Landsat. Os mapeamentos são feitos principalmente através de técnicas de classificação e a extensão aérea foi mapeada a partir das imagens classificadas.

Vaiphasa (2006) explicou as técnicas de deteção remota hiperespectral para o estudo da diversidade dos mangais. No entanto, não é fácil produzir mapas pormenorizados dos mangais ao nível da comunidade ou das espécies, principalmente porque as florestas de mangais são muito difíceis de aceder. A teledeteção é, sem dúvida, uma alternativa séria aos métodos tradicionais de campo para a cartografia dos mangais, uma vez que permite a recolha de informações no ambiente proibido das florestas de mangais, que, de outro modo, em termos logísticos e práticos, seriam extremamente difíceis de pesquisar. As aplicações da teledeteção para a cartografia dos mangais ao nível fundamental estão já bem estabelecidas, mas, surpreendentemente, um certo número de aplicações avançadas de teledeteção permanecem inexploradas para efeitos de cartografia dos mangais a um nível mais fino.

Chaves e Lakshumanan (2008) estudaram a gestão e a recuperação dos mangais em Ennore Creek Tamil Nadu utilizando dados de alta resolução como IKONOS, IRS-P6 LISS-III e LANDSAT TM. O estudo mostra que a inundação das marés, a descarga fluvial, a carga de sedimentos e a interferência antropogénica, como as actividades de aquicultura, são os principais responsáveis pela degradação das zonas húmidas costeiras e pelas alterações morfológicas e de utilização dos solos.

Blasco et al., (1998) resume as capacidades de estudo da vegetação de mangais a partir do espaço. Não existe um método padrão de processamento de imagens que possa ser aplicado para a identificação e delimitação de ecossistemas costeiros. De um ponto de vista espetral, é praticamente impossível caraterizar cada uma das sessenta espécies de árvores e arbustos que constituem os mangais do mundo. No entanto, existem algumas possibilidades de mapear à escala global e local áreas de mangais a partir de produtos de satélite, combinando vários conjuntos de dados espaciais, interpretação de fotografias aéreas e levantamentos terrestres.

CAPÍTULO 3

ÁREA DE ESTUDO

3.1 Introdução

O distrito mais setentrional de Kerala, Kasaragod, é conhecido pelas suas indústrias de fibra de coco e de tear manual (Tula nadu). Diz-se que o nome Kasaragod deriva da palavra *Kusirakood*, que significa florestas de Nuxvomica (*Kanjirakuttom*). O distrito de Kasaragod foi organizado como um distrito separado em 24 de maio de 1985.

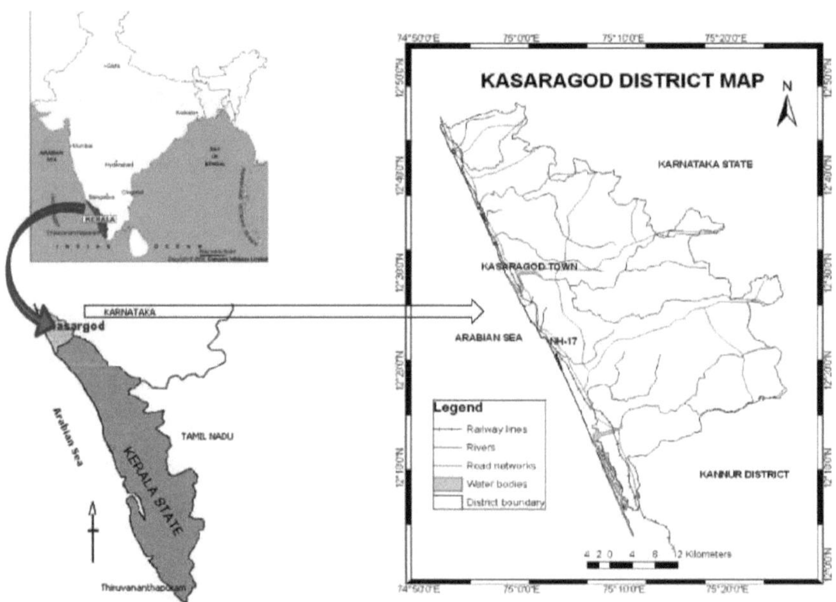

Fig.3.1 Mapa com a localização da área de estudo

3.1.1 Topografia

O distrito de Kasaragod situa-se entre 11^0 18' e 12° 48' de latitude norte e entre 74° 52' e 75° 26' de longitude leste. O distrito é separado das áreas adjacentes fora do Estado pelos Ghats Ocidentais que correm paralelamente ao mar e constituem uma parede montanhosa quase contínua no lado oriental. Os Ghats dominam a topografia. A linha de costa é orlada por falésias baixas que alternam com extensões de areia. A alguns quilómetros para o interior, o cenário muda e o nível da areia sobe em direção à barreira dos Ghats e transforma-se em colinas baixas de laterite vermelha intercaladas por arrozais e coqueiros. O distrito é limitado a leste pelos Ghats Ocidentais, a oeste pelo mar Arábico, a norte pelo distrito de Canara de Karnataka e a sul pelo distrito de Kannur. O distrito tem uma rica linha costeira de 80 km, desde a praia de Ullal, no Estado de Karnataka, até à praia de Payyannur, nos distritos de Kannur, a sul e a norte.

3.1.2 Geomorfologia e tipos de solo

Fisiograficamente, o distrito pode ser dividido em três unidades distritais: as planícies costeiras, as terras médias e as regiões montanhosas orientais. As planícies costeiras, com uma altitude inferior a 10 m, ocorrem como uma faixa estreita de depósitos aluviais paralelos à costa. A leste do cinturão costeiro encontra-se a região das terras médias, com uma altitude que varia entre 10 e 300 m a MSL. A zona média é caracterizada por uma topografia acidentada formada por pequenas colinas separadas por vales profundos. A região das terras médias apresenta um declive geral em direção à costa ocidental. A leste, a região das terras altas. As regiões de terras médias e montanhosas do distrito apresentam uma topografia acidentada e ondulante com colinas e vales. Ao longo das terras médias, as colinas são maioritariamente lateríticas e os vales estão cobertos por depósitos de preenchimento de vales. Os depósitos de preenchimento de vales são compostos por coluviões e aluviões.

Existem quatro tipos principais de solo encontrados no distrito. São eles o solo laterítico, o solo hidromórfico castanho, o solo aluvial e a argila florestal. O solo laterítico é o tipo de solo mais predominante do distrito e ocorre nas zonas médias e montanhosas e é derivado de lateritas. O solo hidromórfico castanho está confinado aos vales entre topografias onduladas nas terras médias e nas zonas baixas da faixa costeira. Formaram-se em resultado do transporte e sedimentação de materiais das encostas adjacentes. O solo aluvial é observado na faixa costeira ocidental do distrito. A planície costeira é caracterizada por solos secundários que são arenosos e estéreis com fraca capacidade de retenção de água. A largura da zona aumenta em direção à parte sul do distrito. Os solos argilosos florestais encontram-se nas zonas montanhosas orientais do distrito e são caracterizados por uma camada superficial rica em matéria orgânica (Ground Water Information Booklet of Kasaragod District, Kerala State).

3.1.3 Administração

O distrito de Kasaragod está dividido em dois taluks (Kasaragod e Hosdurg) e 75 aldeias. O distrito tem uma divisão de receitas, 4 Block Panchayaths (Manjeshwar, Kasaragod, Kanhangad e Nileshwar) e 39 Grama Panchayaths e dois municípios (Kasargod e Kanhangad).

3.1.4 Demografia

O distrito, que cobre uma área de cerca de 1992 km² e, segundo o censo indiano de 2001, Kasaragod tinha uma população de 12.03342. Os homens constituem 49% da população e as mulheres 51%. Kasaragod tem uma taxa média de alfabetização de

79%, superior à média nacional de 59,5%: a alfabetização masculina é de 82% e a feminina de 76%. Em Kasaragod, 13% da população tem menos de 6 anos de idade.

3.1.5 Língua

O distrito de Kasaragod é conhecido pela sua cultura multilinguística e é o melhor exemplo de "harmonia linguística". As suas principais línguas reconhecidas são o malaiala e o tulu. O beary bashe, o konkani e o kannada são também muito utilizados. Para além destas, o marati, o hindi e o urdu também são falados aqui. O malaiala falado aqui é influenciado pelo beary bashe e também pelas línguas urdu, konkani, tulu e kannada. Do mesmo modo, o tulu e o kannada aqui falados são também influenciados pelo malaiala.

3.1.6 Clima

A diversidade das características físicas resulta numa diversidade climática correspondente. O clima do distrito é classificado como quente, húmido e tropical. Nas planícies, o clima é geralmente quente.

3.1.7 Temperatura

A temperatura máxima média é de 31,2° C e a mínima de 23,6° C. Embora a temperatura máxima média seja apenas de cerca de 90oF, o calor é opressivo na atmosfera carregada de humidade das planícies. A humidade é muito elevada e aumenta para cerca de 90% durante a monção do sudoeste. A variação anual da temperatura é pequena; a amplitude diurna é apenas de cerca de 10° F.

3.1.8 Precipitação

O distrito recebe uma média anual de cerca de 3500 mm de precipitação. A principal fonte de precipitação é a monção do sudoeste, de junho a setembro, que contribui com cerca de 85,3% da precipitação total do ano. A monção do nordeste contribui com cerca de 8,9% e o saldo de 5,8% é recebido durante o mês de janeiro a maio como aguaceiros pré-monção. Dos 106 dias de chuva num ano, 87 dias de chuva ocorrem durante a estação das monções do sudoeste.

3.1.9 Atração turística

Kasaragod é um dos mais belos distritos do estado de Kerala, dotado de 11 rios (de um total de 44 rios que correm em Kerala), colinas, praias, remansos, bem como templos, igrejas, mesquitas e fortalezas.

- *Forte de Bekal* - É atualmente o maior forte de Kerala e situa-se a 14 km de Kanhangad e a 10 km da cidade de Kasaragod. A estação ferroviária mais próxima é a estação ferroviária de Pallikere, que agora se chama estação ferroviária do Forte de Bekal, e o aeroporto mais próximo é o aeroporto de Mangalore.

- Templo do Lago Ananthapura, um templo antigo e de aspeto atraente, dedicado ao

Senhor Vishnu.

- O Templo de Mallikarjuna é outro templo situado no coração da cidade de Kasargod e é dedicado a Sri Krishna.

- *Ranipuram* - Um conglomerado de colinas relvadas perto da cidade de Panathady e ligado a Kanhangad pela autoestrada estatal Kanhangad-Panathur.

- *Colinas de Kottencheri* - Situadas perto de Talakaveri, que é o ponto de partida do rio Kaveri. Fica a 36 km da cidade de Kanhangad.

- *Remansos de Valiyaparamba*

- *Mesquita Malik Dinar* - situada em Thalangara, contém o túmulo de Malik Ibn Mohammed, um dos descendentes de Malik Ibn Dinar e o local é sagrado para os muçulmanos.

Outras atracções turísticas são o Forte de Chandragiri, Anandashramam, Nithyanandashramam e *o parque florestal de Kareem* - a única floresta artificial em Kerala. O parque florestal está situado em Parappa, perto de Nileshwar.

3.2 Manguezais em Kasaragod

A cobertura de mangais em Kerala, embora escassa, está relativamente melhor representada no distrito de Kasaragod. Os tipos de vegetação irregulares e marginais podem ser atribuídos à natureza microtidal e à topografia relativamente íngreme da costa. Com base na literatura disponível, estima-se que a área de estudo tenha cerca de 0,45 km² de zonas de mangais. A flora foi representada por sete espécies e dominada por *Avicennia officinalis*. O mangal existe < Im acima do atual nível de água baixo. O aumento do nível do mar pode afetar drasticamente os habitats dos mangais, alterando as características hidrológicas e os processos relacionados. A subida vertical da coluna de água devido à subida do nível do mar e a limitação das margens terrestres podem resultar em alagamento, acabando por matar os mangais e a fauna associada. As principais espécies de mangais são *Avicennia officinalis* e *Rhizopora kandal*, cujas características são apresentadas a seguir.

3.2.1 *Avicennia officinalis*

A Avicennia officinalis é uma espécie de mangue (mangue indiano, malaiala - Uppatti). A árvore jovem forma uma copa baixa e densa de arbustos. Quando amadurece, forma uma árvore colunar até 15 m e pode crescer até 30 m. As folhas verdes brilhantes, com 10 cm de comprimento por 5 cm de largura, têm ápices arredondados e a parte inferior da folha castanha-dourada e crescem em opostos. A flor, a maior entre as espécies de Avicennia, tem um diâmetro de 6 a 10 mm quando expandida. A sua cor vai do amarelo alaranjado ao amarelo limão. A casca é lisa, de cor verde sujo a cinzento escuro. É ligeiramente fissurada e não descama.

O fruto é verde ou castanho, em forma de coração, estreitando-se abruptamente num bico curto com 2,5 cm de comprimento ou mais. *A Avicennia officinalis* é encontrada esporadicamente nas margens dos rios (Mogral, Kumbla, Chittari e lago Pallam) e raramente perto do mar. Prefere solos argilosos e encontra-se geralmente no interior. Kasaragod tem um bom crescimento de *Avicennia officinalis*, o que constitui uma caraterística especial do distrito.

3.2.2 *Rhizophora kandalia*

Rhizophora é um género de árvores de mangue tropicais, por vezes designadas coletivamente por mangues verdadeiros (Malayalam-Cheru-kantal). A espécie mais notável é o mangue-vermelho (Rhizophora mangle), mas são conhecidas outras espécies e alguns híbridos naturais. As espécies de Rhizophora vivem geralmente em zonas intertidais que são frequentemente inundadas pelo oceano. Apresentam um certo número de adaptações a este ambiente, incluindo raízes de estacas que elevam as plantas acima da água e lhes permitem respirar oxigénio mesmo quando as raízes inferiores estão submersas, e um mecanismo citológico de "bomba" molecular que lhes permite remover o excesso de sais das suas células.

A Kandalia de folhas estreitas é uma pequena árvore que pode atingir os 7 m de altura. Os contrafortes e pneumatóforos estão ausentes. As folhas são opostas, lâminas brilhantes, de cor verde médio, estreitamente oblongas, elípticas ou oblongas em forma de gota. As estípulas são achatadas mas ligeiramente torcidas nas pontas dos ramos. As flores são esbranquiçadas, com numerosos estames salientes. As sementes são vivíparas, o hipocótilo das plântulas é estreitamente cilíndrico ou em forma de taco, podendo atingir 40 cm de comprimento na maturidade, coberto pelas sépalas persistentes cujas pontas se dobram para trás em direção ao pedúnculo do fruto. Observa-se principalmente no lago Pallam, que foi plantado pelo Forest range office Kasaragod.

3.3 Localizações de mangais no distrito de Kasaragod

As formações de mangais finas e irregulares são quase visíveis em toda a costa do distrito de Kasaragod. Mas as grandes formações só são observadas em várias localidades, como os remansos de Kumbla, as margens do rio Mogral Puthur e o lago Pallam. Estas localidades são seleccionadas para a cartografia regional dos mangais utilizando imagens Landsat-TM e imagens Google Earth. Para a cartografia dos mangais de todo o distrito, a partir das imagens do Google Earth, são seleccionadas todas as formações de mangais de diferentes partes do distrito.

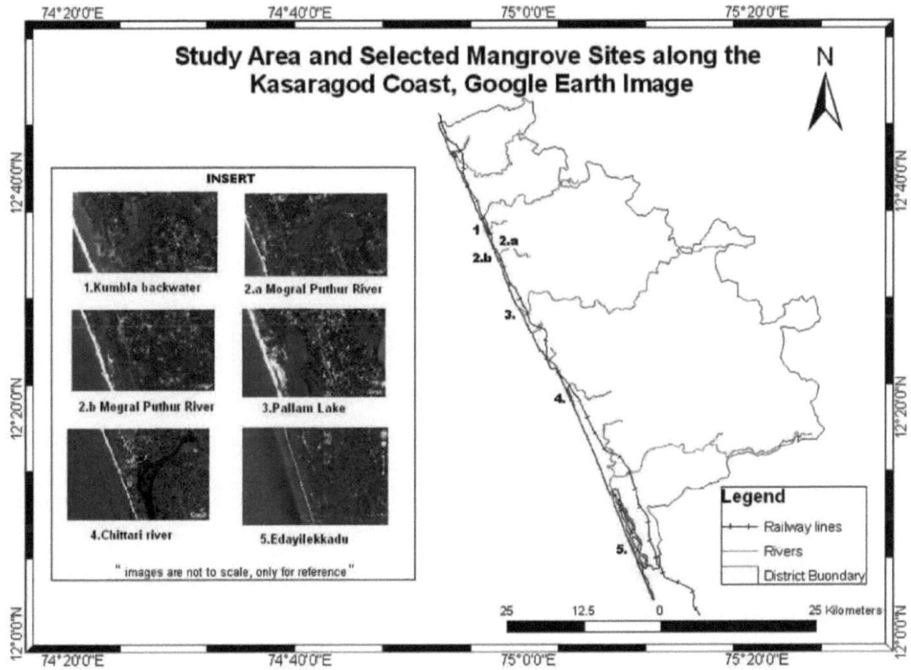

Fig 3.2 Mapa mostrando as localidades de mangue seleccionadas no distrito de Kasaragod a partir de imagens do Google Earth.

3.3.1 Remansos de Kumbla

Uma boa área de mangais de cerca de 20 ha foi localizada no estuário de Kumbla, 10 km a norte de Kasaragod. O sistema estuarino é alimentado pela bacia do rio Shiriya ou Kumbla. A formação de mangais situa-se em torno da parte média do rio Kumbla, no lado oriental da ponte da autoestrada. A vegetação principal é uma cobertura densa de árvores Avicennia, que atingem uma altura de 6-8 m. As lagoas de maré, mais a leste e a sul, são bordejadas por *Rhizophora* sp. A altura destas árvores diminui progressivamente quando se juntam os *arbustos Aegiceros comiculatwn* e *Avicennia*. Os lodaçais ficam expostos durante a maré baixa; mostram a presença de ostras, conchas de gastrópodes e uma população abundante de caranguejos. Nos riachos, há uma série de peixes estuarinos.

3.3.2 Rio Mogral Puthur

O rio Mogral Puthur é também uma das boas formações de mangais do distrito, situado a 7 km a norte de Kasaragod. A formação de mangais situa-se ao longo do rio Mogral, de ambos os lados da ponte da autoestrada. A vegetação principal é uma cobertura densa de árvores Avicennia que atingem uma altura de 6-8 m, as lagoas de maré mais a leste e o lado sul são bordejados por *Rhizophora* sp., com raízes de escora a 2-4 m acima do solo. A parte oriental do rio é caracterizada por uma população abundante de caranguejos. Há uma série de peixes estuarinos nos riachos. A extração de areia causou, por si só, uma degradação em grande escala das espécies de mangais naturais.

3.3.1 Lago Pallam

O lago está situado perto da costa de Kasaragod, nas águas de Chandragiri. A formação densa de árvores Avicennia e *Rhizophora* sp. é visível nos lagos. Este lago apresenta o melhor local de mangais para a plantação de *Rhizophora* sp. As árvores de *Rhizophora* sp. plantadas têm um bom crescimento no lago, principalmente devido à ausência de actividades andropogenéticas, como a extração de areia e a eliminação de resíduos urbanos.

3.3.2 Outras localizações

As formações menores de mangue estão distribuídas ao longo da linha costeira no distrito, do extremo norte ao sul. Mas o grupo dos mangais só é visto em várias partes do distrito, especialmente na margem do rio, estuários salinos e remansos. O rio Uduma, o rio Chittari, Azhitala, Orikkadavu, Vadekkekal, Kokkal, Edayilekkadu e Madakkal, etc. são os outros locais de crescimento de mangais ao longo da linha costeira do distrito. De todo o distrito, 95% do total de mangais cobrem o remanso de Kumbla, as margens do rio Mogral Puthur e o lago Pallam ou o remanso de Chandragiri.

3.4 Ameaças ao mangal na localidade de Kasaragod

Os mangais são árvores tolerantes ao sal que crescem em zonas costeiras de regiões tropicais e subtropicais onde os rios desaguam no oceano. Estas árvores têm sido capazes de ocupar com sucesso o ambiente costeiro onde têm pouca ou nenhuma competição de outras espécies de plantas. Para tal, as árvores dos mangais tiveram de enfrentar uma série de problemas, incluindo um solo macio e pobre em oxigénio, inundações periódicas das suas zonas radiculares e um ambiente altamente salino.

3.4.1 Ameaças naturais

Os mangais ocorrem principalmente em águas bravas perto da costa, onde podem criar as suas raízes. Mas, no caso do distrito de Kasaragod, a maioria dos mangais é observada apenas nos remansos e Kayals (Chandragiri backwater, Kumbla backwaters, Kavvai Lake) e ao longo das margens de rios menores (Mogral River, Uduma River, Shiriya River e Chittari River). Os mangais são raros ou mínimos na costa e ao longo do rio principal. Esta situação deve-se principalmente à topografia de declive acentuado da praia costeira e às fortes inundações do rio principal nas estações das monções. A elevada inundação do rio na estação das monções provoca uma forte erosão das areias ao longo das margens do rio. Esta é a principal razão para a ausência de mangais ao longo das margens do rio principal. Este clima não permite que as sementes de mangue criem raízes nos sedimentos.

3.4.2 Ameaças antropogénicas

No mundo moderno em desenvolvimento, o homem actua como agente destruidor de todos os recursos naturais. Em nome do seu desenvolvimento em todos os domínios, utiliza os recursos naturais de forma inadequada. Cenários naturais como as florestas e as árvores são a sua principal atração para o desenvolvimento. A degradação dos mangais ocorre principalmente nas cidades costeiras em desenvolvimento do mundo. A construção de grandes infra-estruturas, o desenvolvimento industrial, etc., provocam a degradação dos mangais a nível mundial. Mas no distrito de Kasaragod, devido à ausência de indústrias de grande escala e à falta de desenvolvimentos modernos, os mangais naturais não estão demasiado degradados. No entanto, em comparação com a força anterior dos mangais naturais, estes estão a degradar-se nas últimas décadas. A principal razão para tal é a extração de areia em grande escala nos leitos dos rios e a escavação de resíduos urbanos ao longo do habitat dos mangais. Mogral Puthur, Shiriya Chandragiri, etc. são os principais locais onde se pode observar a extração de areia em grande escala.

CAPÍTULO 4

MATERIAIS E MÉTODOS

Os mangais desempenham um papel ecológico vital no apoio ao ambiente circundante. No entanto, os mangais são um ecossistema sensível e são facilmente perturbados pelas actividades humanas e pelos impactos naturais. Por conseguinte, é necessário conservar os povoamentos existentes e estabelecer plantações de mangais onde estes possam potencialmente prosperar. Por esta razão, organizações internacionais e agências governamentais em vários países estão a implementar urgentemente programas de mapeamento e monitorização para medir a extensão do declínio destes importantes ecossistemas (Convenção de Ramsar, 1971; Green et al., 2000; Linneweber e de Lacerda, 2002; Barbier e Sathiratai, 2004).

4.1 Inquérito de campo

Antes do início do trabalho do projeto, visitou-se a área de estudo com um GPS Garmin. A partir do campo, foi recolhido um número de pontos de localização de mangais verdadeiros das diferentes localidades da costa de Kasaragod, onde as árvores de mangais estão presentes. No inquérito de campo, foram visitadas localizações de mangais como Kumbala Kayals, margens do rio Mogral Puthur, lago Pallam perto da cidade de Kasaragod e rio Chittari, etc. Na visita de campo, observou-se uma densa vegetação natural de mangais em Kumbala Kayals, nas margens do rio Mogral Puthur e árvores de mangais plantadas no lago Pallam (plantadas pelo Forest Range Office (FRO) Kasaragod). Os dados sobre os mangais e também para conhecer a distribuição dos mangais nos distritos foram recolhidos junto do FRO de Kasaragod durante o inquérito no terreno.

4.2 Materiais

Os dados de resolução de 30 metros do Landsat 2011 do Global Land Survey (GLS), disponíveis principalmente ao público, foram utilizados para cartografar a extensão e a distribuição espacial dos mangais da área de estudo (Kasaragod Coastal) para o ano de 2011. Estes dados foram adquiridos ao Centro de Observação e Ciência dos Recursos Terrestres do Serviço Geológico dos EUA (USGS) (http://glovis.usgs.gov). Os dados do Global Land Survey (GLS) 2011 foram processados utilizando o arquivo existente do Geo Cover e do Landsat (2002) para produzir um mosaico quase global e sem nuvens. Idealmente, apenas os dados do GLS 2011 teriam sido utilizados para mapear a distribuição espacial e a extensão da área dos mangais para o ano de 2011. As imagens Landsat 2011 são rectificadas para Landsat 2002 para processar o preenchimento de lacunas.

A zona de estudo, nomeadamente Kasaragod, contém parcelas ou manchas de mangais nos deltas dos rios, estuários, Kayals e remansos. Estas parcelas ou manchas são negligenciáveis nas imagens de satélite de baixa resolução, como as imagens Landsat (30M). A análise e o processamento digital de imagens é bastante difícil nestas imagens. Por isso, foi efectuada a cartografia aérea dos mangais costeiros de Kasaragod através das imagens do Google Earth. O Google Earth fornece dados actualizados de forma mais precisa e exacta.

O trabalho de processamento digital para a cartografia aérea é efectuado principalmente por software de deteção remota e SIG, como o ERDAS IMAGIN 9.2, Arc Map 9.3 e Arc View 3.2. A interpretação visual do mangal costeiro é efectuada através das imagens do Google Earth num modo de zoom muito elevado. O mapeamento das características do mangal utilizando as imagens do Google Earth é efectuado através dos pacotes de software Arc Map 9.3 e Arc View 3.2.

4.2.1 LANDSAT-TM

O programa Landsat é o mais antigo projeto de aquisição de imagens da Terra a partir do espaço. O primeiro satélite Landsat foi lançado em 1972; o mais recente, Landsat 7, foi lançado a 15 de abril de 1999. Os instrumentos dos satélites Landsat adquiriram milhões de imagens. As imagens, arquivadas nos Estados Unidos e nas estações de receção Landsat em todo o mundo, são um recurso único para a investigação das alterações globais e aplicações na agricultura, cartografia, geologia, silvicultura, planeamento regional, vigilância, educação e segurança nacional. Os dados Landsat 7 têm oito bandas espectrais com resoluções espaciais que variam de 15 a 60 metros; a resolução temporal é de 16 dias.

Tabela 4.1 Bandas Landsat TM e informações sobre o comprimento de onda

Bands	Wave Length in nm
1 Blue	450-520
2 Green	520-600
3 Red	630-690
4 NIR	760-900
5 MIR	1550-1750
7 MIR	2080-2350

4.3 Metodologia

A cartografia dos mangais pode ser efectuada através de aplicações de deteção remota e SIG. Existem vários métodos globalmente utilizados para a cartografia de deteção remota de zonas húmidas de mangais. Em termos gerais, podem ser explicados como interpretação visual das imagens de satélite e processamento digital de imagens através de software de deteção remota e SIG. A metodologia é brevemente explicada no fluxograma. No presente trabalho de projeto, fizemos a extensão aérea e o seu mapeamento através da interpretação visual das imagens do Google Earth (ambos os dados temporais de 2004 e 2011) e do processamento digital de imagens Landsat (2011-30M).

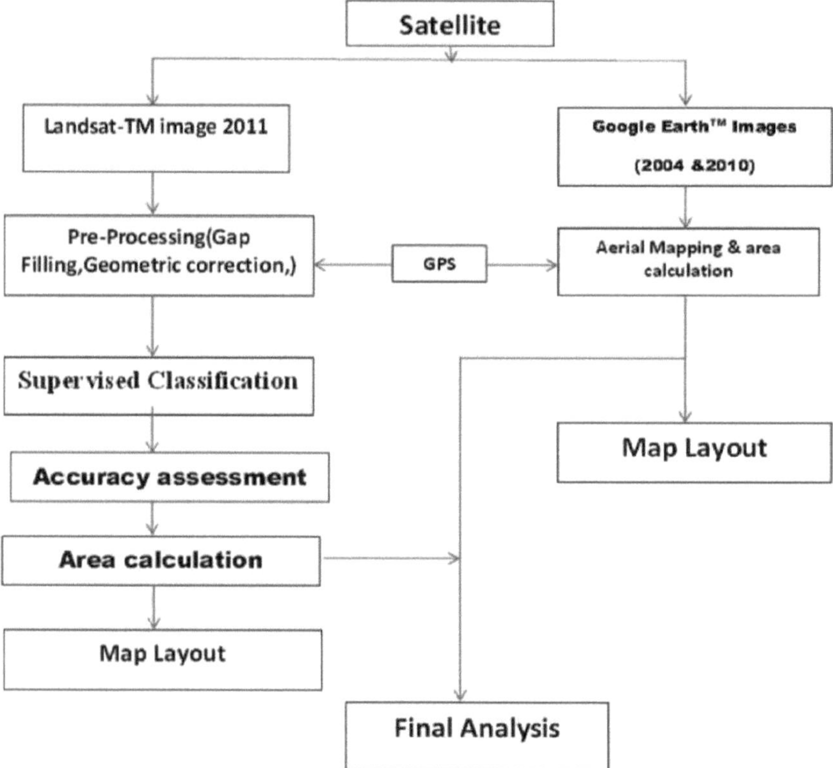

Fig4.1 Fluxograma da metodologia adoptada

4.3.1 Método de interpretação visual

A floresta verde costeira, os mangais, tem uma aparência muito boa nas imagens de satélite e a sua associação única ao longo dos estuários e perto do delta do rio fornece uma chave para a interpretação. O mangal espesso é relativamente distinto e aparece em laranja vivo na combinação de bandas de cores falsas 4, 5 e 7 (Landsat-2011) e em vermelho escuro na combinação de bandas de cores infravermelhas 4, 2 e 2 (Landsat-2011). Algumas das características únicas são muito importantes para o processamento visual das imagens de satélite, como o tom, as associações de textura, etc.

a.) **Tom** - O tom refere-se ao brilho ou cor relativos dos elementos numa fotografia. É, talvez, o mais básico dos elementos interpretativos porque sem diferenças tonais nenhum dos outros elementos pode ser discernido. O tom dos elementos do mangal varia consoante a combinação de bandas. A melhor combinação de bandas para a discriminação dos mangais é a das regiões infravermelhas com as bandas 4, 3 e 2 (NIR, VERMELHO e VERDE) nas imagens Landsat. Geralmente, os arbustos de mangais apresentam uma cor vermelha escura nas regiões infravermelhas do espetro eletromagnético.

b.) **Textura** - refere-se à disposição e à frequência da variação tonal em áreas específicas de uma imagem. As texturas rugosas consistem num tom mosqueado em que os níveis de cinzento mudam abruptamente numa pequena área, ao passo que as texturas suaves têm muito pouca variação tonal. A impressão de "suavidade" ou "rugosidade" das características da imagem é causada pela frequência da mudança de tom nas fotografias. É produzida por um conjunto de características demasiado pequeno para ser identificado individualmente. As árvores de mangue são caracterizadas por plantas arbustivas que aparecem com muita rugosidade nas imagens de satélite.

c.) **Associação** - Alguns objectos são sempre encontrados em associação com outros objectos. O contexto de um objeto pode dar uma ideia do que ele é. A associação tem em conta a relação entre outros objectos ou características reconhecíveis na proximidade do alvo de interesse. A identificação de características que se esperaria associar a outras características pode fornecer informações para facilitar a identificação e é a melhor chave para identificar o mangal a partir das imagens de satélite, porque as árvores de mangal estão sempre associadas ao longo dos estuários, margens do rio Brakish, costa marítima e perto do delta do rio.

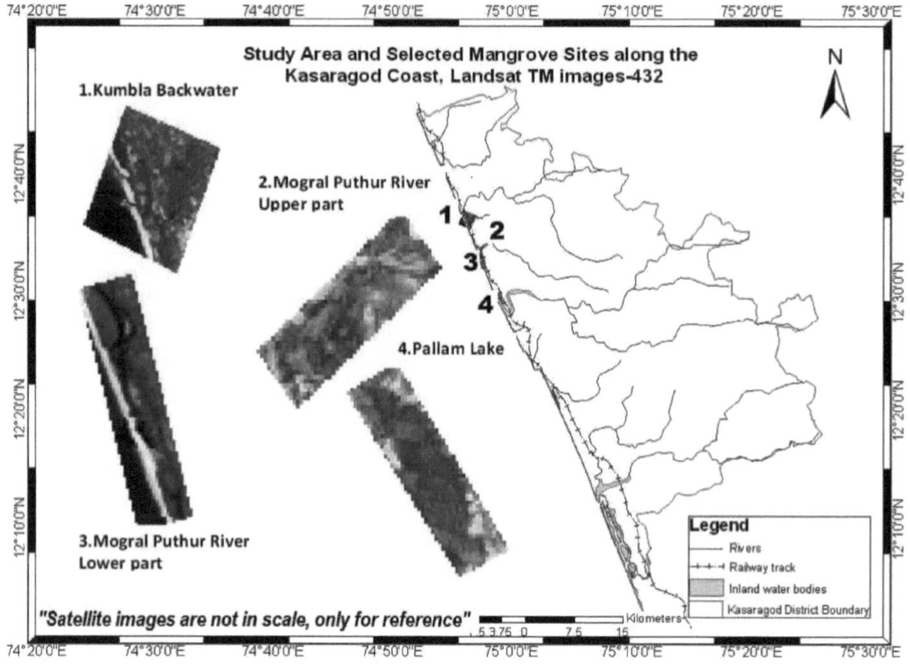

Fig 4.2 Mapa mostrando as localidades de mangue seleccionadas no distrito de Kasaragod a partir da imagem Landsat-TM 2011

4.3.1.1 Extensão aérea e cartografia de mangais utilizando imagens do Google Earth - Interpretação visual

A extensão aérea e a cartografia dos mangais costeiros irregulares de Kasaragod foram efectuadas utilizando imagens do Google Earth disponíveis ao público. As extensões dos mangais foram digitalizadas no Google Earth num modo de zoom muito elevado, de modo a que os mangais fossem delimitados dos não mangais. A extensão aérea total (tanto natural como plantada) e a área líquida dos mangais costeiros de Kasaragod foram calculadas e comparadas com a diferença entre duas imagens oportunas diferentes do Google Earth de 2004 e 2010, respetivamente. Inicialmente, foram observadas no Google Earth as manchas de mangais de diferentes locais da costa de Kasaragod. Em seguida, os pontos GPS são carregados no Google Earth para observar as características dos mangais na imagem. De acordo com o ponto GPS carregado e com as chaves de interpretação visual, toda a zona de mangais do distrito foi digitalizada a partir do Google Earth de ambos os anos (2004 e 2010) no formato kml (kml.). Mais tarde, com a extensão de conversão kml Feature, foram convertidos para o ficheiro de forma (shp.) para posterior trabalho no software GIS. Utilizando o software ArcMap 9.3, a área de cada local é calculada e representada nos quadros estatísticos e no gráfico de tartes que mostra também a percentagem da área. O mapa final foi elaborado com todos os componentes cartográficos necessários. Os mapas de todo o distrito que mostram o mangal foram preparados tanto para o ano 2004 como para o ano 2010. Os mapas individuais para locais como os remansos de Kumbala, a margem do rio Mogral Puthur e o lago Pallam também foram preparados para os anos de 2004 e 2010. Estas são as zonas onde existem mangais densos.

4.3.2 Método de processamento digital de imagens

A deteção remota foi identificada como um instrumento eficaz para estudar mangais de difícil acesso e penetração ao longo das zonas costeiras. As imagens Landsat e SPOT têm sido aplicadas a estudos de mangais através de interpretação visual (Gang e Agatsiva 1992), índice de vegetação (Blasco et al. 1986; Chaudhury 1990; Jensen et al. 1991), classificação (Aschbacher et al. 1995; Dutrieux et al. 1990) e relação de bandas (Kay et al. 1991; Long e Skewes 1994; Ranganath et al. 1989). As aplicações de deteção remota têm sido aplicadas principalmente para o inventário e cartografia dos mangais, deteção de alterações e para fins de gestão. Os dados Landsat e SPOT, bem como os dados de radar SIR-C e multiespectrais aerotransportados de alta resolução espacial, foram recentemente aplicados na gestão de mangais em vários países (Gao 1998; Green et al. 1998; Pasqualini et al. 1999; Ramirez-Garcia et al. 1998; Rasolofoharinoro et al. 1998). No entanto, as técnicas de deteção remota aplicadas à vegetação dos mangais ainda não são tão comuns como outras aplicações terrestres.

4.3.2.1 Classificação supervisionada

Este tem sido o método mais frequente de classificação de dados de deteção remota de zonas de mangais. Dados de campo ou fotografias aéreas têm sido utilizados como dados de treino. Na maioria dos casos, a classificação foi efectuada na imagem original. As classificações supervisionadas são efectuadas para as localidades nas regiões costeiras de Kasaragod. Para as regiões de Kumbla Backwater, Mogral river bank e Pallam Lakes, são efectuadas classificações supervisionadas para os subconjuntos de imagens separados. Os editores de assinaturas são criados para cada subconjunto de imagens, com diferentes classes, tais como mangais, terras terrestres ou não mangais (plantações, vegetação agrícola, vegetação natural, espaços abertos, características urbanas, estradas e caminhos-de-ferro, etc.), massas de água (incluindo rios, águas costeiras, estuários, água do mar costeira, água de Brakish, etc.). Os números de assinatura são seleccionados para cada classe a partir de diferentes pixels. Para uma seleção precisa das assinaturas, são utilizados dados de GPS no terreno. Para a análise final das imagens classificadas, os resultados são comparados com as imagens do Google Earth. Para uma discriminação clara dos mangais dos não mangais e das características da água, as imagens são apresentadas em diferentes combinações de bandas no visualizador (432, 457 e 123). As imagens finais classificadas são apresentadas com o código de cores correspondente e todos os componentes cartográficos necessários.

4.3.2.2 Avaliação da exatidão

A exatidão da classificação foi determinada utilizando três medidas complementares que se baseiam em matrizes de erro derivadas de dados de campo independentes. Uma matriz de erro compara dados de referência verdadeiros (de habitats visitados no terreno) com os tipos de habitat previstos a partir da classificação de imagens (Congalton 1991).

1. *Exatidão global:* Trata-se do grau global de concordância na matriz (ou seja, a soma dos sítios de teste corretamente rotulados dividida pelo número total de sítios de teste). É uma forma razoável de descrever a exatidão global de um mapa, mas não tem em conta a componente de exatidão resultante apenas do acaso. A componente casual da precisão existe porque mesmo uma atribuição aleatória de pixels a classes de habitat incluiria algumas atribuições correctas.

2. *Exatidão do produtor:* O número total de pixels correctos numa categoria é dividido pelo número total de pixels dessa categoria, tal como derivado dos dados de referência (ou seja, o total da coluna). Esta estatística indica a probabilidade de um pixel de referência ser corretamente classificado e é uma medida do *erro de omissão*. Esta estatística é *a exatidão do produtor* porque o produtor (o analista) da classificação está interessado em saber até que ponto uma determinada área pode ser classificada.

3. *Precisão do utilizador:* É a probabilidade de um pixel classificado representar efetivamente essa categoria no terreno (Congalton 1991). É particularmente útil para avaliar a exatidão das classes de habitat individuais.

4. *K*hat **Coeficiente de concordância:** A análise Kappa produz uma estatística *K*, que é uma estimativa de Kappa. É uma medida de concordância ou exatidão entre o mapa de classificação derivado da deteção remota e os dados de referência, conforme indicado por a) a diagonal principal, e b) a concordância casual, que é indicada pelos totais de linhas e colunas (referidos como marginais).

$$K = \frac{N \sum_{i=1}^{k} Xii - \sum_{i=1}^{k}(Xi + * X + i)}{N^2 - \sum_{i=1}^{k}(Xi + * X + i)}$$

Onde,

> Kis Coeficiente Kappa

> ké o número de classes

> **N** é o número total de observações em toda a matriz de erros

> x_{ii} é o número de observações corretamente classificadas para uma determinada categoria (resumido na diagonal da matriz)

> x_{i+} e x_{+i} são os totais marginais da linha i e da coluna i associados à categoria

4.4 Estimativa de área

A área de todos os mangais classificados é medida a partir das tabelas de atributos de cada imagem, utilizando o pacote de software Erdas imagine. A área em hectares e as percentagens de área são apresentadas na tabela estatística e no gráfico de pizza. As imagens classificadas finais são apresentadas com todos os componentes cartográficos necessários utilizando o pacote de software Arc Map 9.3.

CAPÍTULO 5

RESULTADOS E DISCUSSÃO

Em geral, os mangais ao longo da costa de Kasaragod podem ser descritos como muito esparsos e finos. Apesar das intensas pressões antropogénicas, particularmente da urbanização e das actividades agrícolas, várias localidades como Kumbla Backwaters, as margens do rio Mogral Puthur, o lago Pallam, o rio Chittari, etc., têm mantido pequenas a grandes manchas de mangais. O presente trabalho apresenta a extensão aérea dos mangais de várias localidades da costa de Kasaragod, tais como Kumbla backwater, Mogral Puthur, Pallam Lake, Chittari, Edayilekkadu, Kokkal, Uduma, Azhitala, Orikkadavu, Vadakkekad, Madakkal, etc. A rica vegetação de mangais pode ser observada nos remansos de Kumbla, Mogral Puthur e no lago Pallam. O mapa distrital que mostra a distribuição dos mangais em 2004 e 2010 foi elaborado com recurso a imagens de alta resolução do Google Earth. Os mapas regionais correspondentes também foram elaborados para os locais como os remansos de Kumbla, Mogral Puthur e o lago Pallam, respetivamente. As imagens Landsat TM 2011 são utilizadas para a cartografia digital dos mangais nas várias localidades dos distritos. Os cálculos das áreas são apresentados em tabelas estatísticas e gráficos de pizza.

5.1 Mapeamento de mangais a partir de imagens do Google Earth

O mapa de distribuição de mangais para todo o distrito foi preparado para os anos de 2004 e 2010, mapas regionais de várias localidades (remansos de Kumbla, margens do rio Mogral e lago Pallam) também foram preparados para os anos de 2004 e 2010. As imagens de alta resolução do Google Earth fornecem informações muito boas sobre os mangais. São as melhores imagens para a análise dos mangais através da interpretação visual. As diversidades dos mangais proporcionam menos acessibilidade aos topógrafos, pelo que estas imagens são a melhor forma de fornecer vistas reais das características. As diferentes imagens temporais, como 2004 e 2010, são utilizadas para digitalizar as características dos mangais nas imagens do Google Earth. A partir dos resultados obtidos com as imagens do Google Earth, os mangais apresentam um incremento sucessivo nas extensões espaciais. A área obtida no ano de 2010 é superior à área do ano de 2004. Este facto deve-se principalmente à realização sucessiva da plantação de espécies de mangue pelo Forest Range Office Kasaragod. Estas plantações enriqueceram os mangais em várias localidades da costa. O lago Pallam e os remansos de Kumbla são caracterizados pelas espécies de mangais plantadas de Rhizophora Kandalia. Estas espécies são também observadas em Mogral Puthur, Chittari e em várias localidades no extremo sul do distrito.

a.) Mapeamento da distribuição de mangais do distrito de Kasaragod-2004: O mapa de distribuição de mangais de todo o distrito foi preparado para o ano de 2004 usando as imagens do Google Earth. As extensões de mangais são identificadas em várias localidades do distrito. As áreas respectivas de cada localidade são medidas e são também preparados quadros estatísticos e gráficos de pizza em termos de percentagem (Fig. 5.1).

b.) Mapeamento da distribuição de mangais do distrito de Kasaragod - 2010: O mapa de distribuição de mangais de todo o distrito foi preparado para o ano de 2010 utilizando as imagens do Google Earth. As extensões de mangais são identificadas nas várias localidades do distrito. As áreas respectivas de cada localidade são medidas e são também preparados quadros estatísticos e gráficos de pizza em termos percentuais. A partir dos dados estatísticos, a área de mangue no ano de 2010 aumentou em várias localidades. Este facto deve-se principalmente à plantação de mangais pelo Kasaragod Forest Range Office (Fig. 5.1).

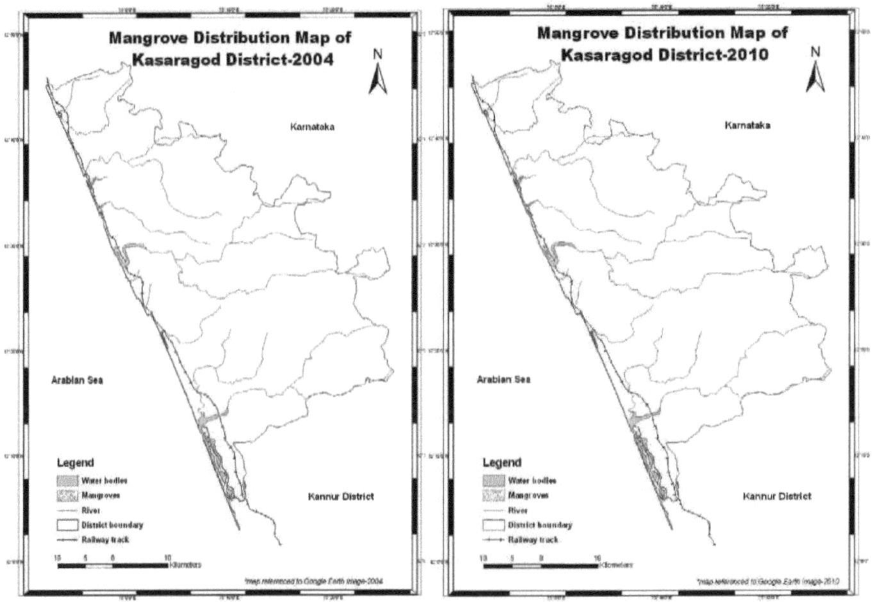

Fig.5.1 Mapa de distribuição dos mangais do distrito de Kasaragod em 2004 e 2010, utilizando dados de imagens do Google

5.1.1 Cartografia da distribuição de mangais nas águas de Kumbla do distrito de Kasaragod

O mapeamento da distribuição dos mangais das remansosas de Kumbla do distrito de Kasaragod foi preparado para os anos de 2004 e 2010 utilizando as imagens do Google Earth. Os remansos de Kumbla são um dos melhores locais de formação de mangais do distrito. As formações naturais espessas de mangais são visíveis na zona. A extensão aérea dos mangais mapeados e a área são medidas a partir das imagens do Google

Earth. A tabela estatística e o gráfico de pizza mostram a (Tabela 5.1). O mapa que mostra a extensão do mangal também foi preparado para a área nos anos de 2004 e 2010 (Fig.5.2). A partir de dados estatísticos, as formações de mangue da área aumentaram no ano de 2010 em relação a 2004. As descrições detalhadas sobre a área são explicadas na tabela 5.1.

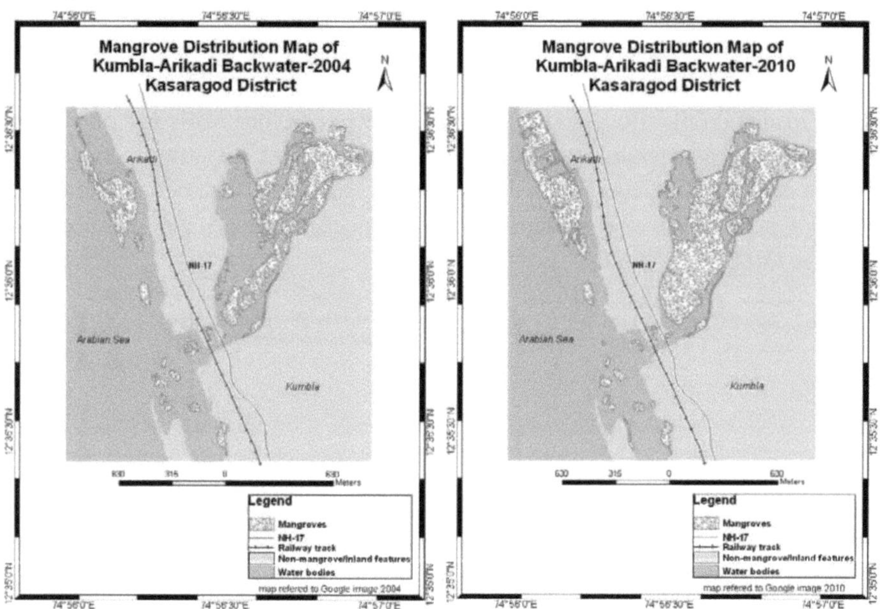

Fig.5.2 Mapa de distribuição de mangais das águas de Kumbla do distrito de Kasaragod em 2004 e 2010 usando dados de imagem do Google

5.1.2 Cartografia da distribuição dos mangais do rio Mogral Puthur do distrito de Kasaragod

A cartografia da distribuição dos mangais do rio Mogral Puthur, no distrito de Kasaragod, foi preparada para os anos de 2004 e 2010, utilizando as imagens do Google Earth. O rio Mogral Puthur é um dos melhores locais de formação de mangais do distrito. Na zona, observam-se formações naturais de mangais de grande espessura. A extensão aérea do mangal mapeado e a área são medidas a partir das imagens do Google Earth. A tabela estatística e o gráfico de pizza mostram a (Tabela 5.1). O mapa que mostra a extensão do mangal também foi preparado para a área nos anos de 2004 e 2010 (Fig.5.3). A partir de dados estatísticos, as formações de mangue da área aumentaram no ano de 2010 em relação a 2004. As descrições detalhadas sobre a área são explicadas na tabela 5.1.

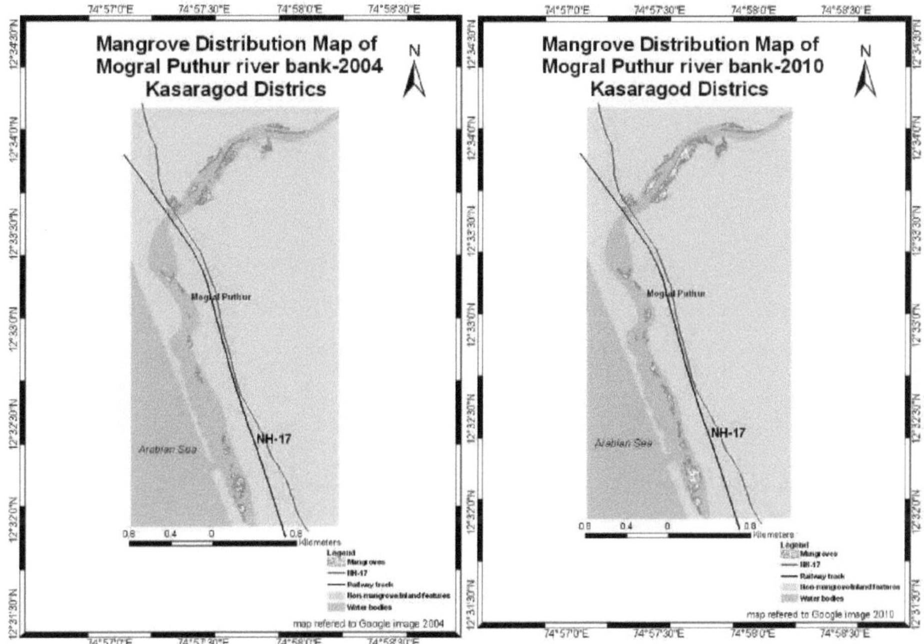

Fig.5.3 Mapa de distribuição de mangais da margem do rio Mogral Puthur do distrito de Kasaragod em 2004 e 2010 usando

Dados do Google Earth

5.1.3 Mapeamento da distribuição de mangais do lago Pallam do distrito de Kasaragod

A cartografia da distribuição dos mangais do lago Pallam do distrito de Kasaragod foi preparada para os anos de 2004 e 2010 utilizando as imagens do Google Earth. O lago Pallam é um dos melhores locais de formação de mangais do distrito. Na zona, observam-se formações naturais de mangais de grande espessura. A extensão aérea dos mangais mapeados e a área são medidas a partir das imagens do Google Earth. A tabela estatística e o gráfico de pizza mostram a (Tabela 5.1). O mapa que mostra a extensão do mangal também foi preparado para a área nos anos de 2004 e 2010 (Fig.5.4). A partir de dados estatísticos, as formações de mangue da área foram aumentadas no ano de 2010 do que em 2004. As árvores de mangue plantadas estão mais distribuídas neste lago. Por conseguinte, esta zona representa o melhor local para a plantação de mangais. As descrições detalhadas sobre a área são explicadas na tabela 5.1.

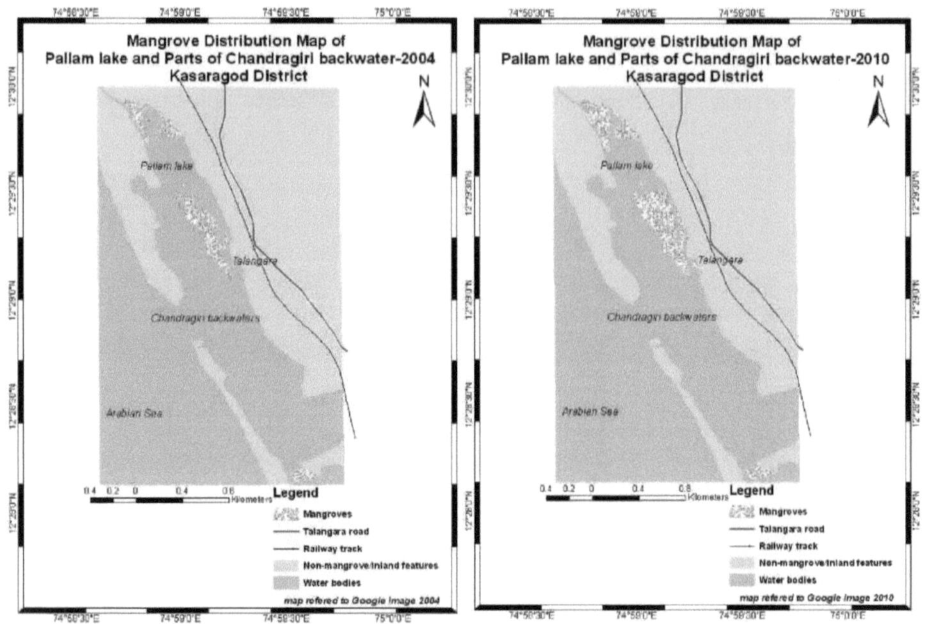

Fig.5.4 Mapa de distribuição de mangais do lago Pallam do distrito de Kasaragod em 2004 e 2010, utilizando dados do Google Earth

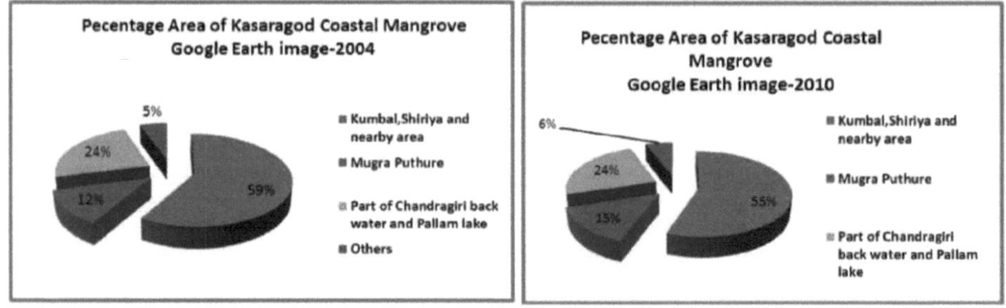

Fig.5.5 Medições da área percentual de mangais em várias localidades de Kasaragod utilizando o Google Earth

Sl No	Place	Area in the year 2004 (hectere^2)	Area in the year 2010 (hectere^2)	Percentage area of the year 2004	Percentage area of the year 2010
1	Kumbla,Shiriya and back waters	34.87	53.9	58.53	55.53
2	Mogral Puthur	7.41	14.11	12.44	14.54
3	Part of Chandragiri back water and Pallam lake	14.1	23.48	23.67	24.19
4	Part of Uduma river	0.17	0.3	0.29	0.31
5	Chittari river	0.81	0.91	1.36	0.94
6	Azhitala	0.1	0.1	0.17	0.10
7	Near Orikkadavu Bridge	0.02	0.1	0.03	0.10
8	Vadakkekad	0.1	0.15	0.17	0.15
9	Kokkal	1.1	1.48	1.85	1.52
10	Edayilekkadu	0.9	1.93	1.51	1.99
11	Madakkal	No Data	0.6	No Data	0.62
	Total	59.58	97.06	100	100

Tabela 5.1 Medições de área de mangais em várias localidades de Kasaragod usando Google Earth

5.2 Classificação supervisionada

As imagens Landsat TM 2011 de resolução 30M são utilizadas para classificar as características dos mangais da costa de Kasaragod e cartografar as extensões. Como explicado anteriormente, as costas de Kasaragod são caracterizadas por mangais esparsos e finos. Alguns deles estão distribuídos de forma muito esparsa, não sendo possível visualizá-los a partir das imagens de resolução 30M. As técnicas de classificação supervisionada são processadas para as várias localidades através da recolha das assinaturas espectrais. As imagens classificadas apresentam as características dos mangais separadamente das outras. Mas alguns pixéis de mangais são também classificados como não mangais. Isto deve-se principalmente à presença de algumas características de reflectância semelhantes da vegetação interior. Devido a esta correção, a área obtida a partir das imagens classificadas não coincide com as áreas medidas a partir das imagens do Google Earth. As imagens classificadas são tomadas como layout final e as suas áreas são explicadas na tabela estatística e na torta gráfico. Os mapas temáticos derivados da teledeteção devem normalmente ser

41

submetidos a uma avaliação exaustiva da exatidão antes de serem utilizados em investigações científicas e decisões políticas. Assim, as avaliações de precisão são calculadas para todas as imagens classificadas e examinam a precisão global, a precisão do produtor, a precisão dos utilizadores e os coeficientes Kappa. A área de mangais também foi medida para todas as imagens classificadas e comparada com as imagens do Google Earth.

Sl No	Classified images	Area in Ha	Area in %
1	Kumbla Back waters	68.13	59.70
2	Mogral Puthur river N	9.36	8.20
3	Mogral Puthur river S	6.03	5.28
4	Pallam Lake	30.6	26.81
	Total	**114.12**	**100**

Tabela 5.2 Medições de área de mangais em várias localidades de Kasaragod usando imagens classificadas de Landsat TM

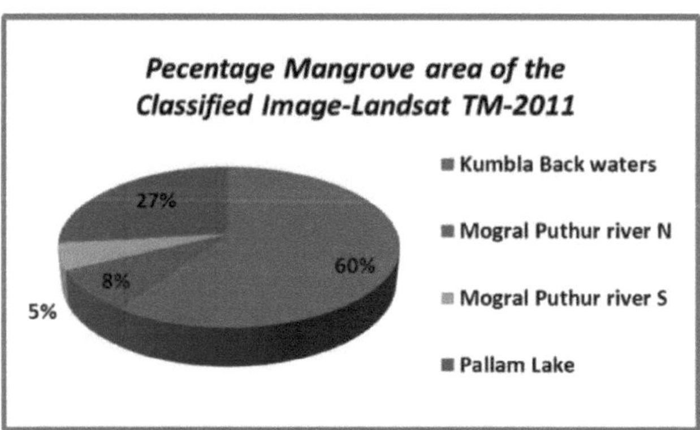

Fig. 5.6 Medições da área percentual de mangais em várias localidades de Kasaragod usando imagens classificadas do Landsat TM

5.2.1 Cartografia dos mangais do remanso de Kumbla - dados Landsat TM

Os mapas de distribuição de mangais dos remansos de Kumbla foram preparados utilizando imagens classificadas Landsat-TM 2011 (Fig. 5.7). A área foi medida para a área, o que mostra o aumento da área no ano de 2011. As áreas foram diferentes da imagem do Google. A área aproximada foi então medida a partir da comparação com a imagem do Google e do cálculo da precisão da classificação (Tabela 5.3).

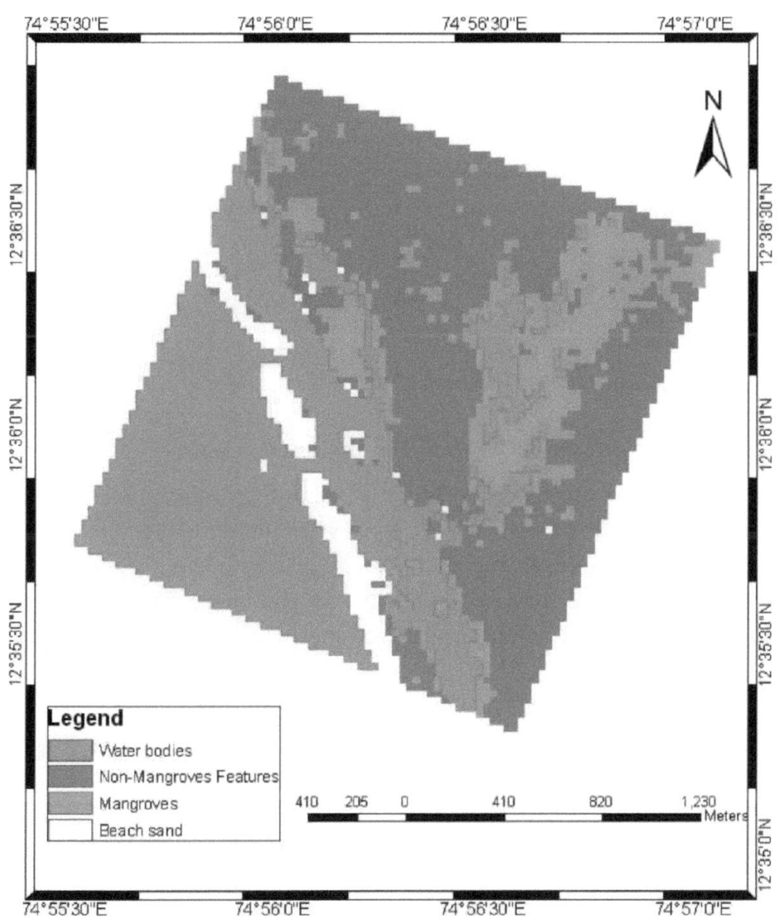

Fig 5.7 Mapa de distribuição de mangais de Kumbla Backwaters do distrito de Kasaragod usando imagem classificada de Landsat-TM 2011

Kumbla backwaters-Avaliação da exatidão

Tabela 5.3 Avaliação da exatidão das imagens Landsat-TM classificadas de Kumbla Backwaters do distrito de Kasaragod

Class	Water	Beach sand	Non-Mangroves	Mangroves	Row total
Water	1510	0	0	0	1510
Beach sand	0	65	1	0	66
Non-Mangroves	0	0	288	5	293
Mangroves	5	0	64	234	303
Column Total	1515	65	353	239	2172

Overall accuracy=96.55					
Class	*Producers accuracy*	*Omission error*	*Class*	*User accuracy*	*Commission error*
Water	99.67	*0.33*	Water	100	*0*
Beach sand	100	*0*	Beach sand	98.5	*1.5*
Non-Mangroves	81.58	*18.42*	Non-Mangroves	98.3	*1.7*
Mangroves	97.9	*2.09*	Mangroves	77.23	*22.77*

Kappa coefficient of agreement	**92.76**

5.2.2 Cartografia dos mangais do rio Mogral Puthur - dados Landsat TM

Os mapas de distribuição dos mangais do rio Mogral Puthur foram preparados para a parte norte e para a parte sul utilizando imagens Landsat-TM de 2011 (Fig. 5.8a e Fig. 5.8b). A área foi medida para a área, o que mostra o aumento da área no ano de 2011. As áreas foram obtidas a partir de imagens do Google. A área aproximada foi então medida a partir da comparação com a imagem do Google e do cálculo da exatidão da classificação (Tabela 5.4)

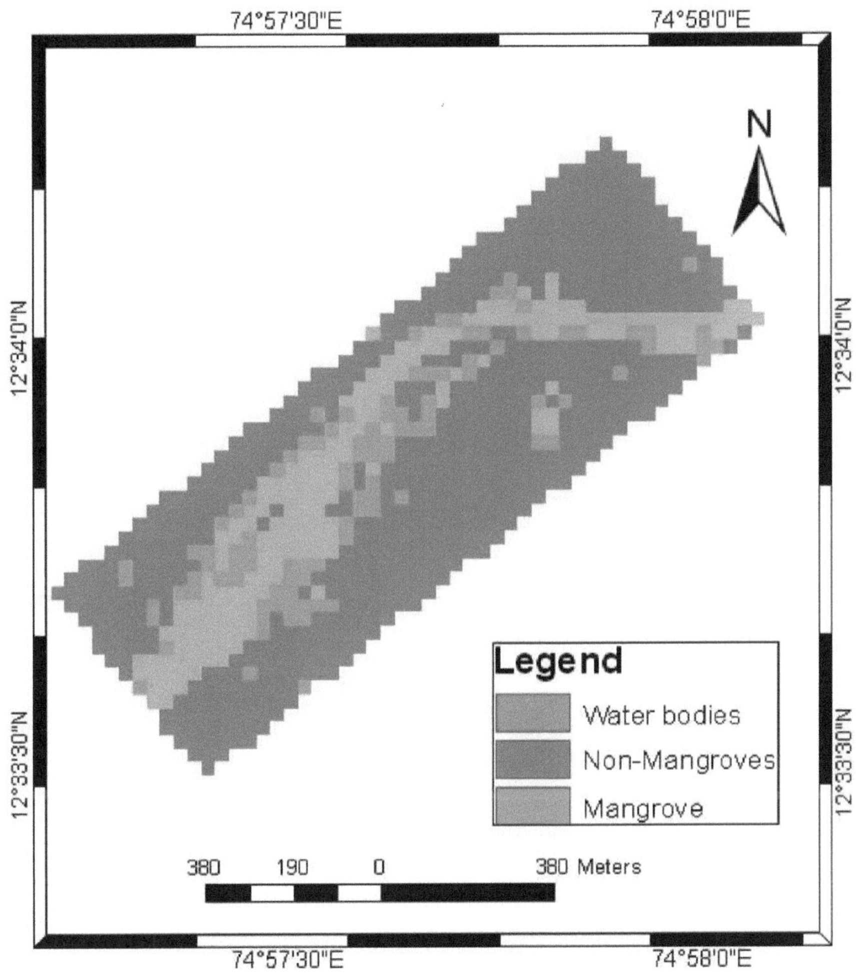

Fig 5.8a Mapa de distribuição dos mangais do rio Mogral Puthur (parte norte) do distrito de Kasaragod Utilizando a imagem classificada do Landsat-TM 2011

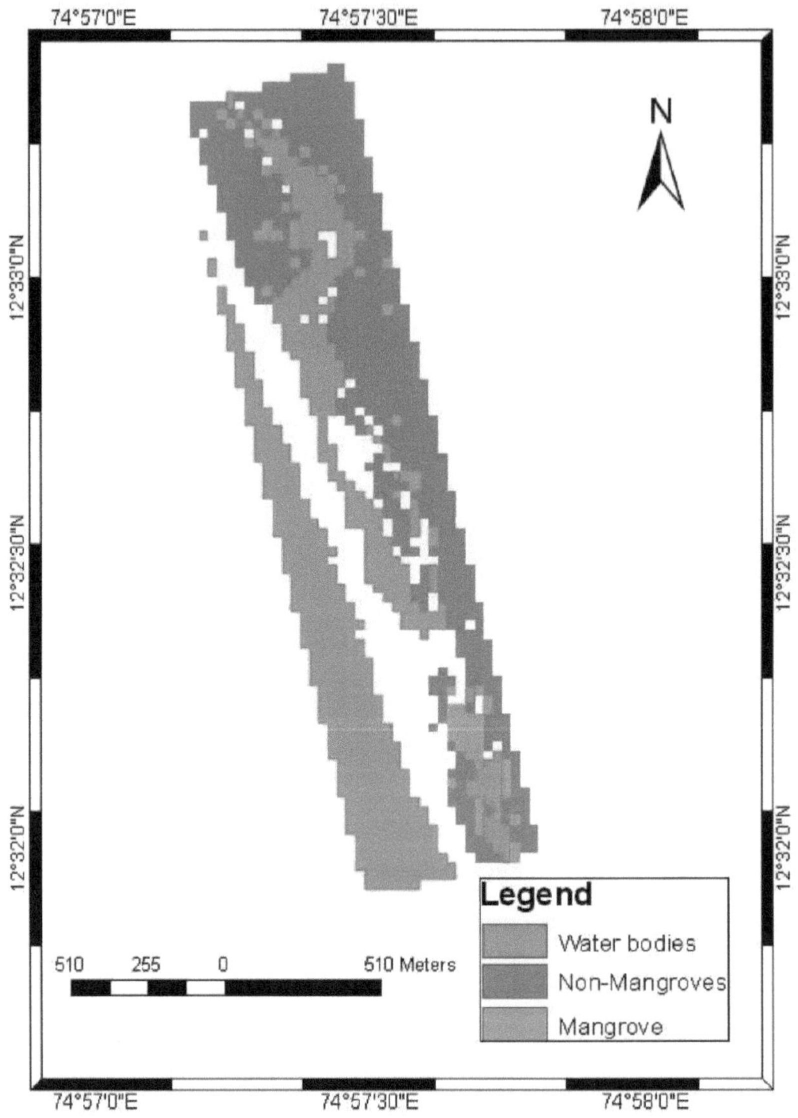

Fig 5.8b Mapa de distribuição dos mangais do rio Mogral Puthur (parte sul) do distrito de Kasaragod Utilizando imagem classificada do Landsat-TM 2011

Mogral Puthur- Avaliação da exatidão

Tabela 5.4 Avaliação da exatidão das imagens Landsat-TM classificadas da margem do rio Mogral Puthur do distrito de Kasaragod

Classified Data	Water	Beach sand	Non-Mangroves	Mangroves	Row total
Water	503	0	0	0	503
Beach sand	1	133	3	0	137
Non-Mangroves	0	0	417	0	417
Mangroves	0	0	24	20	44
Column Total	504	133	444	20	1101

Precisão global=97,5

Class	Producers accuracy	Omission error	Class	User accuracy	Commission error
Water	99.80	0.20	Water	100	0
Beach sand	100	0	Beach sand	97.08	2.92
Non-Mangroves	93.92	6.08	Non-Mangroves	100	0
Mangroves	100	0	Mangroves	45.45	54.55

Kappa coefficient of agreement=95.91

5.2.3 Cartografia dos mangais do lago Pallam - dados Landsat TM

Os mapas de distribuição dos mangais do lago Pallam foram elaborados com base numa imagem Landsat-TM de 2011 (Fig. 5.9). A área foi medida para a área, o que mostra o aumento da área no ano de 2011. As áreas foram obtidas a partir de imagens do Google. A área aproximada foi então medida a partir da comparação com a imagem do Google e do cálculo da exatidão da classificação (Quadro 5.5).

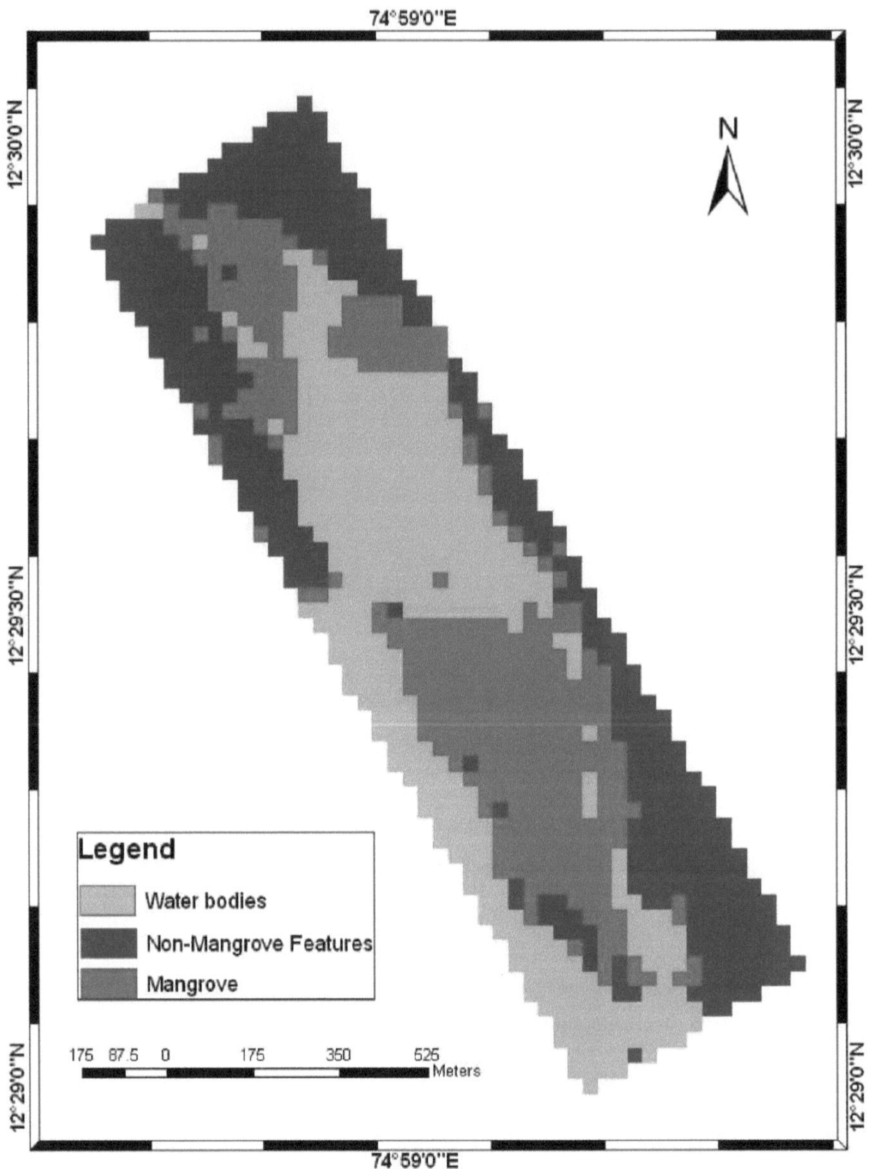

Fig 5.9 Mapa de distribuição de mangais do lago Pallam do distrito de Kasaragod usando a imagem classificada do Landsat- TM2011

Lago Pallam - Avaliação da exatidão

Tabela 5.5 Avaliação da exatidão das imagens Landsat-TM classificadas do lago Pallam do distrito de Kasaragod

Classified Data	Mangroves	Non-Mangroves	Water	Row Total
Mangroves	257	12	2	271
Non-Mangroves	12	233	1	246
Water	4	0	359	363
Column Total	273	245	362	880

Exatidão global=96,48

Classified Data	Producers accuracy	Omission error	Classified Data	User accuracy	Commission error
Mangroves	94.14	5.86	Mangroves	94.83	5.17
Non-Mangroves	95.10	4.90	Non-Mangroves	94.72	5.28
Water	99.17	0.83	Water	98.90	1.10

Coeficiente de concordância Kappa = 94,36

A área medida a partir de imagens classificadas do Landsat-TM de várias localidades do distrito de Kasaragod não coincide com a área real medida a partir das imagens do Google Earth. As imagens classificadas mostram uma maior formação de mangais do que as imagens do Google Earth. Várias características que não são mangais são erradamente classificadas como características de mangais, apresentando resultados errados e a precisão torna-se menor. Assim, de acordo com a avaliação da precisão, a área real das localidades de mangais classificadas é medida e aproximada das imagens do Google Earth. Finalmente, as áreas das imagens classificadas são corrigidas através da absorção cuidadosa das classificações incorrectas de não mangais em vez de mangais. Nos remansos de Kumbla, 10,74 hectares foram classificados como mangais e não como não mangais. Assim, a verdadeira área de mangais é de aproximadamente 57,39 hectares. Nas margens do rio Mogral Puthur, 3,42 hectares foram classificados como mangais e não como mangais. Assim, a verdadeira área de mangais é de aproximadamente 13,14 hectares. No lago Pallam, 5,22 hectares foram classificados como mangais e não como não mangais. Assim, a verdadeira área de mangal é de aproximadamente 25,38 hectares.

5.3 Discussão

Embora os mangais estejam confinados às regiões entre as latitudes 32° N-38° S, a extensão máxima e a diversidade de espécies existem na faixa tropical (Bacon, 1970). Estes habitats em todo o mundo são considerados de grande importância devido à sua natureza produtiva e ao seu papel ecológico, como sumidouros de nutrientes e para a estabilização de substratos. Sendo a natureza repositória dos habitats, os mangais são conhecidos como construtores básicos de terra e acompanham o aumento do nível do mar (Ellison e Stoddart, 1991: Ellison, 1989). A composição e a extensão dos mangais são geralmente regidas pela natureza do clima, topografia, maré e características físico-químicas da água ambiente.

Observou-se que a costa de Kerala tem uma cobertura de mangais muito limitada em comparação com outros estados costeiros ao longo da costa ocidental (Jagtap et al., 2002). No entanto, espécies como *H. littoralis e Excoecaria indica* foram registadas (Ramchandran et al., 1986) apenas em Kerala, ao longo da costa ocidental. Espécies como a *Avicennia officinalis* estão em muito boa formação na costa de Kasaragod, e o seu crescimento é superior ao de qualquer outro distrito dos Estados. A costa de Kerala ocupava ~70 km^2 de mangais no passado recente (Ramchandran et al., 1986), que estão atualmente reduzidos a algumas centenas de hectares. O distrito de Kasaragod representa formações de mangais relativamente melhores e está sujeito a menos influências antropogénicas. O presente trabalho revela que o mangal total ocupa 97,06 hectares ao longo da costa do distrito de Kasaragod em 2010 (utilizando a imagem do Google Earth.

CAPÍTULO 6

CONCLUSÃO

Os mangais são ecossistemas especializados que se desenvolvem ao longo de costas marítimas estuarinas e fozes de rios em regiões tropicais e subtropicais do mundo, principalmente na zona intertidal. Assim, o ecossistema e os seus componentes biológicos estão sob a influência de condições tanto marinhas como de água doce e desenvolveram um conjunto de adaptações fisiológicas para ultrapassar problemas de anoxia, salinidade e inundações frequentes das marés. Os mangais desempenham um papel ecológico vital no apoio ao ambiente circundante. São locais de alimentação natural para centenas de espécies aquáticas, incluindo peixes e mariscos de importância económica. Os mangais desempenham um papel importante no controlo da erosão e na proteção da linha costeira. Ao longo da costa de Kasaragod, os mangais estão amplamente distribuídos e, frequentemente, distam centenas de quilómetros entre si. O tamanho e o número de mangais foram reduzidos e muitos deles foram destruídos. Por conseguinte, é necessário conservar os povoamentos existentes e estabelecer plantações de mangais onde estes possam potencialmente prosperar. No entanto, em muitas zonas do mundo, a desflorestação dos mangais contribui para o declínio das pescas, a degradação do abastecimento de água potável e a salinização dos solos costeiros, a erosão e o afundamento dos solos, bem como para a libertação de dióxido de carbono para a atmosfera. De facto, as florestas de mangais fixam mais dióxido de carbono por unidade de área do que o fitoplâncton nos oceanos tropicais. As florestas de mangais cobriam outrora % das costas dos países tropicais e subtropicais. Atualmente, restam menos de 50% e, destas florestas remanescentes, mais de 50% estão degradadas e não estão em bom estado. É necessária uma maior proteção das zonas de mangais primários ou de alta qualidade, sabendo que a área total remanescente continuará a diminuir. Muitos factores contribuem para a perda dos mangais, incluindo as indústrias do carvão e da madeira, as pressões do crescimento urbano e os crescentes problemas de poluição.

O mapeamento da distribuição espacial dos mangais só é possível se as áreas de mangal puderem ser distinguidas com exatidão da vegetação não mangal circundante. A deteção remota e os derivados dos dados deste estudo fornecem uma base sólida para o planeamento integrado dos recursos costeiros, estudos de campo orientados e monitorização. Os dados de alta resolução podem ser necessários para os processos de formações irregulares de mangais. O resultado deste estudo indica que as actuais estátuas de mangais ao longo da costa do distrito de Kasaragod. O presente estudo sobre os mangais costeiros de Kasaragod mostra que as grandes formações de mangais são observadas nos remansos de Kumbla, nas margens do rio Mogral Puthur e nos lagos Pallam. Os dados anuais integrados dos mangais costeiros de Kasaragod (2004 e 2010) mostram um aumento sucessivo da área, principalmente devido à plantação efectuada pelo Forest Range Office Kasaragod. As florestas naturais ainda se encontram em fase de degradação. A exposição a resíduos municipais e a extração antropogénica de areia, etc., são as principais causas da degradação. As medidas devem ser tomadas pela respectiva autoridade.

Com base na nossa análise, que utilizou observações de satélite por deteção remota e técnicas de classificação de imagens digitais, a nossa investigação oferece uma cartografia abrangente e de alta resolução dos mangais da costa de Kasaragod. Estes dados são medições fiáveis e podem ser utilizados como referência para avaliar futuras alterações nas florestas de mangais de Kasaragod. Além disso, os resultados deste estudo podem ajudar nos processos de tomada de decisão para os esforços de reabilitação e conservação necessários para proteger e restaurar as florestas de mangais naturais degradadas da costa de Kasaragod. Embora o presente estudo forneça uma análise pormenorizada da extensão e distribuição da área da costa de Kasaragod. O presente trabalho foi efectuado com base na resolução Landsat TM 30M e a área de estudo consiste apenas em manchas de formação de mangais ao longo da costa. A maior parte destas manchas é insignificante para as imagens. Por conseguinte, a classificação dos mangais nestas imagens é muito difícil e a precisão também é reduzida. Alguns pixéis de mangais são também observados nas imagens classificadas. A análise de tais manchas e formações finas de mangais pode ser efectuada através de imagens de alta resolução como SPOT, IRS, IKONOS, QUIK BIRD, CASI, etc. A análise ou o trabalho de cartografia da formação de mangais de Kasaragod utilizando estas imagens pode dar resultados exactos.

CAPÍTULO 7

REFERÊNCIAS
I JORNAIS

Ajith, K.T.T., Kannan. R e Kannan. L: 1995, Remote sensing in mangrove research. Seshaiyana, 3: 46-48

Balakrishnan,K., Cientista 'B' & Saritha.S, Asst. Hidrogeologista: Livreto de Informação sobre Águas Subterrâneas do Distrito de Kasaragod, Estado de Kerala, Governo da Índia Ministério dos Recursos Hídricos Conselho Central de Águas Subterrâneas

Bellamy, D (1993): Wetlands in Danger. Nova Iorque, NY: Oxford University Press.

Blasco,F., Gauquelin,T., Rasolofoharinoro,M., Denis,J., Aizpuru,M and Caldairou,V., Recent advances in mangrove studies using remote sensing data, Universite Paul Sabatier, Centre National de la Recherche Scientifique, Laboratoire d'Ecologie Terrestre de Toulouse, 31405 Toulouse, France, Mar. FreshwaterRes., 1998, 49, 287-96

Burton, R., (1991): Nature's Last Strongholds. Nova Iorque, NY: Oxford University Press.

Chaichoke,V.,: Remote Sensing Techniques for Mangrove Mapping, ITC Dissertation Number: 129 International Institute for Geo-information Science & Earth Observation,

Chaves,A.B e Lakshaumanan,C.,: Remote Sensing and GIS- Based Integrated Study and Analysis for Mangrove Wetlands Resotaration in Ennore Crek, Chennai, South India, Centre for Remote sensing, Bharathidasan University, Khajamalai Campud, Trichirappalli, Tamil Nadu, India

District Handbooks of **Kerala Kasaragod:** Departamento de Informação e Relações Públicas do Governo de Kerala, março de 2003

Dr. Ayman,S., Aguib, H e Dr. Dhafer,Al G.,: Aplicação de deteção remota e SIG para a localização de locais adequados para a plantação de mangais ao longo da costa do Mar Vermelho da Arábia Saudita,

Ellison,A.M e Elizabeth,J. F.,: Ellison and Elizabeth Chapter 16 Mangrove Communities, page no 423-441

George,J.P.,Selvaraj,G.S.D., Kaladharan,P., Naomi,T.S., and Prema.D: Marine Fisheries Information Service, Technical and Extension Series, Central Marine Fisheries Research Institution Cochin, India April, May, June 2002

Green,E. P., Mumby,P.J., Edwards,A.J., e Clark,C.O., 1996: A review of Remote Sensing for the assessment and management of Tropical Coastal Resources. Jornal Internacional do Ambiente Marinho, 24: 1-40

Green,E.P., Clark,C.D., Mumby,P.G., Edwards,A.J., e Ellis,A.C.,: Remote sensing techniques for mangrove mapping, international journals on remote sensing, 1998, vol. 19, no. 5, 935± 956

Jagtap,T.G., Ansari,Z.A e Charulata,S.,: The Structure of Mangrove Habitats and Visualizing Impact of Climate Change on Them: A Case Study from Selected Locality, Kerala, India.

Jagtap,T.G e Vinod,L.N.,: Response and adaptability of mangrove habitats from Indian subcontinent to changing climate, A case study on Kasargod, Kerala, West coast of India. Instituto Nacional de Oceanografia, Dona-Paula, Goa, Ambio: 36(4); 2007; 328-334.

Jordan,B. L., and Chandra Giri, : Artigo ,Mapping the Philippines' Mangrove Forests Using LandsatImagery, Sensors2011, 11,2972-2981;doi:10.3390/s110302972

Kannan,L., Ajith,T.T.K e Duraisamy,A: Remote Sensing for Mangrove Forest Management, CASinMarineBiology   ,   AnnamalaiUniversity   , Parangapettai-608502, Tamil Nadu

Kraynak, J., & Tetrault, K.W. (2003): The Complete Idiot's Guide to The Oceans. Penguin Group (USA) Inc.

Krishnamoorthy, R. 1997: Remote Sensing for the assessment and management of mangroves: Indian Experience, (documento apresentado no workshop internacional sobre "Application of Remote Sensing and GIS for sustainable Development atNational Remote Sensing Agency. Hyderabad.

Laurie,A (1973): The Living Oceans. Garden City, NY: Doubleday and Company Inc.

Narayan,L. R. A., 1997: Sentinel in the Sky.

Nayak, S. R., Gupta,M,C e Chawan,H.B 1986: Wetland and shoreline mapping of the part of Gujaratcoast using Landsat data, Scientific note (IRS-UP/SAC/MCE/SN06/86). Centro de Aplicações Espaciais, Ahemdabad, 24 pp.

Newman, A. (2002): Tropical Rainforest. Nova Iorque, NY: Checkmark Books.

Nguyen Huu Nghia; Conservação da floresta de mangue e planeamento do desenvolvimento em Nghe An - Vietname, Centro de Monitorização do Ambiente Aquático e das Doenças Instituto de Investigação em Aquicultura Nol (RIA1) Dinh Bang - Tu Son - Bac Ninh - Vietname

Prance, G.T. (1998): Rainforests of the World. Nova Iorque, NY: Crown Publishers

Prof. K,Kathiresan: Ecologia e Ambiente dos Ecossistemas de Mangue, Centro de Estudos Avançados em Biologia Marinha, Universidade de Annamalai

Shailesh,N.R, 1993: Role of Remote Sensng Application in the management of wetland ecosystems with special emphasis on Mangroves (Palestra proferida no Workshop Curricular da UNESCO sobre "Management of mangrove Ecosystem and Coastal Ecosystem" no Departamento de Recursos Vivos Marinhos, Universidade de Andhra, Vishakhapatnam)

Spalding, M.D., Ravilious, C., & Green, E.P. (2001): World Atlas of Coral Reefs. Los Angeles, CA: University of California Press.

Relatório sobre o estado do ambiente, Keral 2005: capítulo IV, ambiente marinho e costeiro de Kerala, páginas 83-104

Wang,Y., Bonynge, G e Nugranad.J: Deteção remota de alterações nos mangais ao longo da costa da Tanzânia, 29 de janeiro de 2003 14:21 MGD TJ686-04

II. SÍTIOS WEB

http://conchscooter.blogspot.com/2008/09/mangrove-lifecycle.html

http://jrscience.wcp.muohio.edu/fieldcourses04/PapersMarineEcologyArticles/EcologyofMangroves.html

http://mangrovegarden.org/spanish/landscape.html

http://www.cartage.org.lb/en/themes/sciences/botanicalsciences/mostthreatened/mangrovehabitats/MangroveHabitats/MangroveHabitats.htm

http://www.iomenvis.nic.in/EIA's%20kerala.htm

http://www.mangrovegarden.org/mangroves.html

http://www.niobioinformatics.in/mangroves/MANGCD/fact.htm
http://www.kerenvis.nic.in/isbeid/egforest.htm

http://www.sbwr.org.sg/wetlands/text/00-7-1-5.htm

http://www.kerenvis.nic.in/biodiversity/Mangrove%20ecosystem.pdf

FOTOGRAFIA DE CAMPO
Fig. Avicennia Officinalis

Fig. Rhizophora Kandalia plantada

Fig. Processo de extração de areia ao longo da costa do rio

Fig. Erosão costeira devido à extração de areia pesada

yes
I want morebooks!

Buy your books fast and straightforward online - at one of world's fastest growing online book stores! Environmentally sound due to Print-on-Demand technologies.

Buy your books online at
www.morebooks.shop

Compre os seus livros mais rápido e diretamente na internet, em uma das livrarias on-line com o maior crescimento no mundo! Produção que protege o meio ambiente através das tecnologias de impressão sob demanda.

Compre os seus livros on-line em
www.morebooks.shop

info@omniscriptum.com
www.omniscriptum.com

Printed by Books on Demand GmbH, Norderstedt / Germany